人工智能通识教程

周 苏 鲁玉军 **主编** 蓝忠华 周斌斌 **副主编**

清华大学出版社
北京

内容简介

本书针对各级各类高等学校文理科学生的发展需要，为高等学校各相关专业"人工智能"基础课程、通识课程而设计和编写，系统、全面地介绍人工智能的概念、理论和应用。全书共14章，主要内容包括思考的工具、什么是人工智能、规则与专家系统、模糊逻辑与大数据思维、包容体系结构与机器人技术、机器学习、神经网络与深度学习、智能代理、群体智能、数据挖掘与统计数据、智能图像处理、自然语言处理、自动规划、人工智能的发展等内容。本书具有结构新颖、内容丰富、叙述生动、注重应用的特色，可以帮助读者打好人工智能的知识基础。

本书适合作为本科院校和高职高专院校各相关专业"人工智能"基础课程或通识课程的教材，也适合对人工智能感兴趣的读者阅读。

图书在版编目(CIP)数据

人工智能通识教程/周苏，鲁玉军主编. —北京：清华大学出版社，2020.8(2024.7重印)
ISBN 978-7-302-55518-6

Ⅰ.①人… Ⅱ.①周… ②鲁… Ⅲ.①人工智能－高等学校－教材 Ⅳ.①TP18

中国版本图书馆CIP数据核字(2020)第086303号

责任编辑：张　玥　战晓雷
封面设计：常雪影
责任校对：李建庄
责任印制：丛怀宇

出版发行：清华大学出版社
网　　址：https://www.tup.com.cn, https://www.wqxuetang.com
地　　址：北京清华大学学研大厦A座　　**邮　　编**：100084
社 总 机：010-83470000　　**邮　　购**：010-62786544
投稿与读者服务：010-62776969，c-service@tup.tsinghua.edu.cn
质 量 反 馈：010-62772015，zhiliang@tup.tsinghua.edu.cn
课 件 下 载：https://www.tup.com.cn，010-83470236
印 装 者：三河市君旺印务有限公司
经　　销：全国新华书店
开　　本：185mm×260mm　　**印　　张**：13　　**字　　数**：302千字
版　　次：2020年8月第1版　　**印　　次**：2024年7月第8次印刷
定　　价：45.00元

产品编号：086693-01

前　言

PREFACE

作为计算机科学与技术一个重要的分支，人工智能（Artificial Intelligence，AI）的发展历史已经不短了。它经过几起几落，终于迎来了高速发展、成果不断涌现的新时期。毫无疑问，一如当年的计算机以及随后的因特网、物联网、云计算和大数据，今天，人工智能也是每个大学生和社会人士都必须关注、学习和重视的知识与应用。

人工智能是研究、开发用于模拟、延伸和扩展人的智能的理论、方法、技术及应用系统的一门技术科学。它试图了解人类智能的实质，并生产出新的能以与人类智能相似的方式做出反应的智能机器。该领域的研究包括基础概念、专家系统、机器学习、神经网络、智能代理、群体智能、数据挖掘、机器人、图像识别与处理、自然语言处理、自动规划等。可以想象，未来人工智能带来的科技产品将会是人类智慧的"容器"。人工智能不是人的智能，但能模仿人的思考，甚至在某些方面可能超过人的智能。

人工智能是一门极富挑战性的科学，包括的知识内容十分广泛。本书结构新颖，内容丰富，系统、全面地介绍了人工智能的相关概念与理论，可以帮助读者扎实地打好人工智能的知识与应用基础。

本书针对高等院校文理科学生的发展需要，是为高等院校相关专业"人工智能"基础课程或通识课程全新设计、编写的教材。教师在使用本书进行教学时，可依照学习进度与需求对内容进行适当取舍。

本书每一章都体现下列要点：

(1) 介绍基本概念，解释原理，让学习者能切实理解和掌握人工智能的基本原理及相关应用知识。

(2) 组织浅显易懂的案例，注重让学生扎实地掌握基本理论知识，养成良好的学习方法。

(3) 为学生提供低认知负荷的作业，让学生在自我成就中构建人工智能的基本观念与技术架构。

(4) 注重思维与实践并进。每章后面安排了【研究性学习】环节，建议教师在教学班中组织研究性学习小组，鼓励学生讨论与表达，努力让人工智能的知识成为学生未来驰骋职场的立身之本。

虽然社会已经进入"电子时代"，但我们仍然竭力倡导课前、课后读书，课中在书上记笔记，在课程结束时完成课程学习总结。为各章设计的作业（单选题）并不难，学生只要认真阅读本书，就能够准确回答所有题目。

采用本书作为教材时，教师和学生可以参考下面的课程教学进度表。在实际教学中，应按照教学大纲和实际情况确定课程教学进度。

课程教学进度表

（20　—20　学年第　学期）

课程号：________　课程名称：<u>人工智能</u>　学分：<u>2</u>

周学时：<u>2</u>　总学时：<u>32</u>（其中理论学时：<u>32</u>，实践学时：________）

主讲教师：____________________

<table>
<tr><th>序号</th><th>校历周次</th><th>章节（或实训、习题课等）名称与内容</th><th>学时</th><th>教学方法</th><th>课后作业布置</th></tr>
<tr><td>1</td><td>1</td><td>引言
第 1 章　思考的工具</td><td>2</td><td rowspan="16">课文</td><td rowspan="15">作业
研究性学习</td></tr>
<tr><td>2</td><td>2</td><td>第 2 章　什么是人工智能</td><td>2</td></tr>
<tr><td>3</td><td>3</td><td>第 3 章　规则与专家系统</td><td>2</td></tr>
<tr><td>4</td><td>4</td><td>第 4 章　模糊逻辑与大数据思维</td><td>2</td></tr>
<tr><td>5</td><td>5</td><td>第 5 章　包容体系结构与机器人技术</td><td>2</td></tr>
<tr><td>6</td><td>6</td><td>第 5 章　包容体系结构与机器人技术</td><td>2</td></tr>
<tr><td>7</td><td>7</td><td>第 6 章　机器学习</td><td>2</td></tr>
<tr><td>8</td><td>8</td><td>第 6 章　机器学习</td><td>2</td></tr>
<tr><td>9</td><td>9</td><td>第 7 章　神经网络与深度学习</td><td>2</td></tr>
<tr><td>10</td><td>10</td><td>第 8 章　智能代理</td><td>2</td></tr>
<tr><td>11</td><td>11</td><td>第 9 章　群体智能</td><td>2</td></tr>
<tr><td>12</td><td>12</td><td>第 10 章　数据挖掘与统计数据</td><td>2</td></tr>
<tr><td>13</td><td>13</td><td>第 11 章　智能图像处理</td><td>2</td></tr>
<tr><td>14</td><td>14</td><td>第 12 章　自然语言处理</td><td>2</td></tr>
<tr><td>15</td><td>15</td><td>第 13 章　自动规划</td><td>2</td></tr>
<tr><td>16</td><td>16</td><td>第 14 章　人工智能的发展</td><td>2</td><td>课程学习总结</td></tr>
</table>

填表人（签字）：　　　　　　　　　　　　　　　　　日期：

系（教研室）主任（签字）：　　　　　　　　　　　　日期：

课程的教学评测可以从以下几个方面入手：

（1）每章的课后作业（共 14 次）。

（2）每章的研究性学习小组活动评价（共 13 次）。

（3）第 14 章的课程学习总结（大作业，1 次）。

（4）平时考勤。

（5）任课教师认为必要的其他考核方法。

本书特色鲜明，易读易学，适合本科和高职高专院校各相关专业文理科学生学习，也适合对人工智能相关领域感兴趣的读者阅读参考。

与本书配套的教学大纲、教学课件、习题答案等电子资源，读者可以从清华大学出版社网站(http://www.tup.com.cn)本书页面的“课件下载”处下载。

根据学习需要，本书还配备了1500分钟的音频讲解资源，读者可先扫描封底刮刮卡中的二维码，再扫描书中的二维码进行在线学习。

本书的编写得到浙大城市学院、浙江理工大学、嘉兴技师学院、浙江商业职业技术学院、浙江安防职业技术学院等多所院校师生的支持，袁坚刚、吴贤平、余强、周恒、王文、乔凤凤等参与了本书部分内容的编写工作，作者在此一并表示感谢！

周　苏

2020年6月于杭州

目　录

CONTENTS

第1章 思考的工具

1.1 计算的渊源

几千年来，人类一直在利用工具帮助自己计数。最原始的工具之一可能就是小石头了。牧羊人会将与羊群数量一致的小石头放在包里随身携带。当他想要确定是否所有羊都在时，只需要数一只羊掏出一颗小石头。如果包里的小石头还有剩余，那一定是有羊走丢了。

1.1.0

一旦人们开始用石头代表数字，慢慢地，用来代表5、10、12、20等不同数字的石头也就出现了。中世纪无处不在的计数板就直接来源于此。在其他一些地方，同样的理念还催生了算盘(图1-1)。古代人类发明的计算工具在一定程度上减轻了人们的脑力劳动，但这些工具的应用范围十分有限。

图1-1　算盘

1.1.1 巨石阵

古人利用工具进行的脑力劳动远不止于计数。在英格兰威尔特郡索尔兹伯里平原上，建造于公元前2300年左右的巨石阵是欧洲著名的史前文化神庙遗址，它由一些巨大的石头组成，呈环形屹立在绿色的旷野间(图1-2)，每块石头约重5万千克。巨石阵的主轴线、通往石柱的古道和夏至初升的太阳在同一条线上，其中还有两块石头的连线指向冬至日落的方向。在英国人的心目中，这是一个神圣的地方。

图1-2　巨石阵

巨石阵遗迹被用来确定冬至和夏至，同时也可以用于预测日食及其他天文现象。其实数字就蕴藏在它们的结构中。例如，遗迹正中有呈马蹄形分布的19块巨石，太阳和月亮的位置关系以19年为一周期周而复始。按照这个规律，人们只要每年将标记从一块石头移到另一块石头上，就可以利用它们来预测日食。日食的发生十分不稳定，取决于特定时间内不同长度的几个周期的重合。因此，预测日食需要人们进行大量艰辛的计算，能够追踪这些周期的工具当然就十分重要。

然而，并没有证据能够表明古人曾出于这样的目的使用过巨石阵。巨石阵中的数字很可能只是用于展现神的力量。

1.1.2 安提基特拉机械

1900年，一群海洋潜水员在希腊的安提基特拉岛附近发现了一艘位于海面以下45m的罗马船只残骸。当地政府知道后，派考古学家对沉船进行了为期一年的考察，还原了许多物件。在沉船中，人们发现了许多金属残片，目前认为是天体观测仪的残片。这些残片被严重腐蚀，只是表面上还留有转盘的痕迹，人们称之为安提基特拉机械残片(图1-3)。

图1-3 安提基特拉机械残片

人们花了相当长的时间才揭开了这个机械的秘密。1951年拍摄的X光片证明它比人们想象的要复杂得多。直到21世纪，人们才得以利用先进科技手段辨别它的细节设计，这一探索过程至今仍在进行当中。

安提基特拉机械可追溯至公元前150—公元前100年，它包含至少36个手工齿轮，只需要设置日期盘，就能够预测太阳和月亮的位置以及某些恒星的上升和下降。该机械可能还曾被用于预测日食，因为人们发现在一块残片上，19年这一周期被刻成了螺旋状，此外，很有可能它还展示了当时所知的五颗行星的位置。

1.1.3 皮格马利翁

公元8年，罗马诗人奥维德完成了他的15卷史诗《变形记》，其中包含了皮格马利翁的故事。皮格马利翁厌弃身边女子的颓靡做派，雕刻了一座象牙少女像并爱上了她(图1-4)，他将雕像当成自己的妻子，给她穿上华美的衣裳，戴上美丽的珠宝，甚至与她同床共枕。维纳斯节来临时，他真挚地祈祷："如果神能够赋予人一切，请将这座象牙雕像变成我的妻子！"维纳斯听到了他的祈祷。当他再次回到雕像身边时，惊讶地发现雕像竟在他的爱抚下变成了一位活生生的少女。

图1-4 皮格马利翁的故事

我们不能将这个故事看作人类痴迷人工智能的起点，很明显，它背后蕴藏着其他含义。但它也表明，在那个时代，人们已经大胆幻想将无生命的物体变成有生命的存在。

1.1.4 阿拉伯数字

传说在13世纪左右，一个德国商人告诉他的儿子：如果他只想学加法和减法，上德国的大学就足够了；但如果他还想学乘法和除法，那他就必须去意大利才行。与那时相比，人类智商并没有很大的变化，简单的算术何以在当时如此困难呢？这是因为当时所有的数字都是用罗马数字表示的，只要想象一下将Ⅵ(6)乘以(7)Ⅶ得到ⅩⅬⅡ(42)在书写时的复杂程度，就能想到当时计算乘法和除法的困难。这种复杂的操作需要依赖于计数板才能进行。计数板的表面标有网格，有表示个位、十位、百位等的竖列。人们将计数器放在板上，按照规则进行计算，但正如上面的故事所述的那样，这个过程一点也不容易。

实际上，印度人很早就想出了解决这些难题的办法。印度数学家使用10个数码表示数字，规定每个位置的数字所代表的数位，这一规则与今天的十进制一致。在看到234这个数字时，就可以知道它包含了两个100、三个10及4个1。

这个新数制一路向西经过阿拉伯传到了欧洲，遭遇了无数质疑和抵制。遭受非议最多的就是数字0，在那之前这个数字几乎没有被提及过。有时候0没有实际意义。例如，出现在数字3前面构成03时，03和3在本质上是没有区别的。但有些时候它可以与其他数字构成十位数、百位数甚至更大的数字。例如，30和3就完全不同了。与印度使用的数字不同，罗马数字中没有与数码0对应的概念，例如，Ⅰ代表1，而Ⅹ代表10。一开始，0不被当成数字。然而，随着时间的推移，从印度传来的新数制的优势逐渐显现出来，并最终取代了原来的旧数制，从而大大提高了计算速度和解答复杂问题的能力。

1.2 巴贝奇与数学机器

1821年，英国数学家兼发明家查尔斯·巴贝奇开始了对数学机器的研究，这也成为他几乎为之奋斗终生的事业。

1.2.0

不像今天我们拥有的便携式计算器和智能手机应用，当时人们还没有办法快速解决复杂计算问题，只能通过纸笔运算，过程漫长并且极有可能出错。于是，人们针对一些特殊应用制成了相应的速算表格，例如，可以根据给定的贷款利率确定还款额，或计算一定范围内的射击角和弹药装载量，但由于这些表格需要手工排版和描绘，所以出错还是在所难免。

一次，巴贝奇在与好友约翰·赫歇尔费尽心思检查这样的函数表时，不禁感叹：如果这些计算能通过蒸汽动力执行该有多好！这位天才数学家也由此立志要实现这一目标。

1.2.1 差分机

在英国政府的资助下，巴贝奇设计了差分机。差分机与我们熟知的计算机不同，它只能进行诸如编制表格这样的简单计算。差分机体积庞大且结构复杂，重达3.6×10^3kg。然而，由于巴贝奇与工匠在机器零部件制作方面产生分歧，因此差分机一直都没能完成。英国政府在支出1.75万英镑后，也对该项目失去了信心。最终，差分机只完成了一部分。

在差分机工程停歇的时候，巴贝奇遇见了时年17岁的数学家艾达·拜伦，也就是诗人拜伦勋爵的女儿，并被她的数学能力所折服。他邀请艾达参观他的差分机，就这样，艾达开始痴迷于这类机器，在此后二人的信件往来中，巴贝奇热切地称她为“数字女巫”。

1.2.2 分析机

巴贝奇继续进行他的工作，不过他的目标不再是差分机，而是一项更加宏大的工程，他将其称作分析机(图1-5)。分析机利用了与提花机类似的凿孔卡纸，可以胜任所有数学计算，本有希望成为真正的机械计算机。

图1-5　巴贝奇的分析机

提花机于1801年首次面世，这是第一台使用凿孔卡纸来记录数据的设备。它的结构特点是利用纸带凿孔控制顶针穿入，以代替经纬线。提花机能够编织出复杂而精美的花样，并大大提高了纺织效率。

1842年，巴贝奇请求艾达帮他将一篇与机器相关的法文文章翻译成英文，并按照她的理解添加注解。艾达的注解中包含了一套机器编程系统，这也被认为是人类首个计算机程序。艾达被人们称为第一位计算机程序员，可以确定地说，艾达对分析机的了解程度不比除巴贝奇之外的任何人低。然而，她却对机器能带来智能产物这一点深感怀疑。她说：“分析机不该自命不凡，自诩无论什么问题都能解决。它只能完成我们告诉它应该怎么做的事情。它能遵循分析，但没有能力预测任何解析关系或事实。它的职责就是帮助我们利用那些我们已经熟知了的事情。”

分析机的制作仍然没有完成，甚至设计都不完整，自始至终只是一系列局部图表而已。然而，在研究分析机的过程中，巴贝奇总结了一些原则和改进思路，从而提出了一套全新的差分机设计方案。当时没有资金支持的第二代差分机后来还是被制作了出来。1985年，伦敦科学博物馆根据巴贝奇的设计方案，利用19世纪可以得到的材料，在容差范围内完成了二代差分机的制作，这台机器也正如巴贝奇预料的那样能正常工作(图1-6)。

图 1-6 伦敦科学博物馆根据巴贝奇的设计方案制作的差分机

1.2.3 “机器人”的由来

卡雷尔·恰佩克的《罗梭的万能工人》是于 1920 年首次上演的一出舞台剧。英语 robot 一词就源于该剧剧名中的古捷克语 robota,意为“强迫性劳工”。该剧中的万能工人不是机械装置,而是没有情感的人造生命体。一开始这些万能工人并不像人类,直到最后,他们在消灭了人类之后,才拥有了爱的能力。

1.3 计算机的出现

科学家已经制造出汽车、火车、飞机、收音机等无数的技术系统,它们模仿并拓展了人类身体器官的功能。但是,技术系统能不能模仿人类大脑的功能呢?到目前为止,我们也仅仅知道人类大脑是由数十亿个神经细胞组成的器官(图 1-7),对它还知之甚少,模仿它是极为困难的事情。

1.3.0

20 世纪 40 年代还没有“计算机”(computer)这个词。在 Z3 计算机、离散变量自动电子计算机和小规模实验机面世之前,computer 指的是进行计算的人。这些人在桌子前一坐就是一整天,面对一张纸、一份打印的指示手册,可能还有一台机械加法机,按照指令一步步地费力工作,最后得出一个结果。他们只有足够仔细,结果才可能正确。

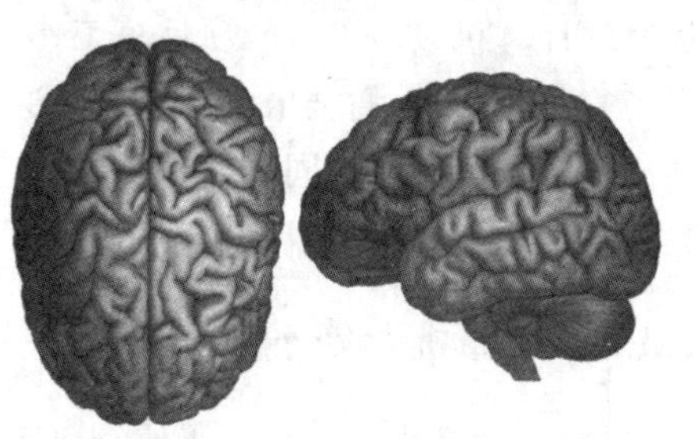

图 1-7 人脑的外观

1.3.1 为战争而发展的计算机器

面对全球冲突,一些数学家开始致力于尽可能快地解决复杂计算问题。冲突双方都会通过无线电发送命令和战略信息,而这些信息可能被敌方截获。为了防止信息泄露,需要对信号进行加密;同时,为了获得敌方的信息,又需要破解敌方密码。自动化加解密过程显然大有裨益。到战争结束时,人们已经制造出了两台机器,它们可以被看作现代计算机的源头。其中一台是美国的电子数字积分计算机(ENIAC,图 1-8),它被誉为世界上第一台通用电子数字计算机;另一台是英国的巨人计算机(Colossus)。这两台计算机都不能像今天的计算机一样进行编程,配置新任务时还需要进行移动电线和扳动开关等一系列操作。但受其制造经验的启发,第二次世界大战结束仅仅 3 年之后,第一台真正意义上的计算机就成功问世了。

图 1-8　世界上第一台通用计算机 ENIAC

早期的计算机,如英国曼彻斯特大学研制的小规模实验机(SSEM)和美国陆军弹道研究实验室研制的离散变量自动电子计算机(EDVAC),已经具备了真正的计算机的诸多特性。它们是通用的,并且能够运行所有程序。除此之外,它们的存储器还会对程序数据进行存储。

Zusc Z3(简称 Z3)是第二次世界大战期间德国研制成功的计算机,比同盟国所有计算机都要先进,它是真正的通用计算机,与现代计算机唯一的不同之处是其利用纸带而非存储器来存储程序。1943 年,Z3 计算机在盟军对柏林的空袭中被毁。而 ENIAC 计算机是专为美国陆军炮兵部队所制造的,主要用于计算大炮射程,对氢弹研制中的数学计算也做出了重要贡献。

在第二次世界大战期间,人们为完成特定任务研制了多种计算机。如同差分机一样,那时的计算机只能进行一项计算工作,如果目标任务改变,就必须重新设计一台计算机。为了简化操作,人们推出了 ENIAC,这一新型计算机由一系列零部件构成,通过线路的不同的组合可以进行不同的计算。因此,在面对新任务时,人们不再需要重新研制计算机,只要将已有计算机的线路重新组合即可。

1.3.2　计算机无处不在

今天,计算机几乎存在于所有电子设备之中,通常只是因为它比其他替代方案都要便宜,这类计算机通常被称为嵌入式计算机。比起乱七八糟的一堆组件,只用一个简单的芯片就可以实现相应的功能还是比较划算的。

这类计算机运行速度不同,体积大小不一,但从根本上讲,它们的功用都是一样的。烤面包机内嵌的计算机可能无法运行电子表格程序,也没有显示屏、键盘和鼠标供人机交互使用，但这些都是物理限制。如果为其配备更高级的存储器和合适的外围设备，它同样能够用来运行任何程序。

事实上，这类计算机大部分只能在工厂一次编程，这样做是为了对运行的程序进行加密，同时降低售后服务成本。与台式计算机相比，它们的运行速度要慢得多。然而，越来越多的设备开始允许通过插入电缆的方式对嵌入式系统进行升级。

机器人其实就是配有特殊外围设备（如手臂和轮子）以帮助其与外部环境进行交互的计算机。机器人内部的计算机能够运行程序。机器人的摄像头拍摄物体影像后，相关程序利用数据中心的图片库就可以对影像进行区分，以此来帮助机器人在现实环境中辨认物体。

1.3.3 通用计算机

1.3.3

电子计算机简称计算机，俗称电脑，是一种通用的信息处理机器，它能执行可以充分详细描述的任何过程。用于描述解决特定问题的步骤序列称为算法，算法可以转换成软件（程序），确定硬件（物理机）能做什么和做了什么。创建软件的过程称为程序设计，也称编程。

几乎每个人都用过计算机。人们玩计算机游戏，或用计算机写文章、在线购物、听音乐或通过社交媒体与朋友联系。计算机被用于预报天气、设计飞机、制作电影、经营企业、完成金融交易和控制生产等。

中国的第一台电子计算机诞生于1958年。在2019年6月17日公布的全球超级计算机500强榜单中，中国有219台超级计算机入选，是全球拥有超级计算机数量最多的国家。其中，中国的“天河二号”超级计算机数次登上全球超级计算机500强榜单的榜首（图1-9）。

图1-9 中国的“天河二号”超级计算机

但是，计算机到底是什么机器？一个计算设备为什么能执行这么多不同的任务呢？现代计算机可以被定义为“**在可改变的程序的控制下存储和操纵信息的机器**”。该定义有两个要点：

第一，计算机是用于操纵信息的设备。这意味着人们可以将信息输入计算机，计算机将信息转换为新的、有用的形式，然后显示或以其他方式输出信息。

第二，计算机在可改变的程序的控制下运行。计算机不是唯一能操纵信息的机器。

人们用简单的计算器来运算一组数字，就是进行了输入信息（数字）、处理信息（如计算连续的总和）和输出信息（如显示）的过程。另一个简单的例子是加油机，给汽车油箱加油时，加油机获得某些输入（当前汽油的价格和来自传感器的信号），读取汽油流入汽车油箱的速率。加油机将这些信息转换为加油量和应付额的信息。但是，计算器或加油机并不是完整的计算机，尽管这些设备实际上可能包含嵌入式计算机。与通用计算机不同，它们被构建为执行单个特定任务的专用设备。

1.3.4 计算机语言

在读取—执行周期中，存储器内的指令会被依次读取并执行。计算机理解的指令组决定了程序的有效性。所有计算机都能完成同样的工作，但有些只需要一个指令就能执行一个操作，而另一些可能需要好几个指令才能执行同样的操作。通用的台式计算机可用的指令成百上千，其中还包括一些可用于解决复杂的数学或图形问题的指令。同时，制造单一指令计算机也是有可能的。

就像词汇构成语言一样，计算机能够理解的指令构成了计算机语言，也就是机器代码。这是一种用数值表示的复杂语言，人类很难直接使用这种语言。

小规模实验机、离散变量自动电子计算机以及后来出现的大多数计算机都将程序和程序运行需要的和产生的数据存储在同一存储器中，这就意味着利用一些程序可以编写和修改其他一些程序。利用这一点，在计算机的帮助下，人们可以设计出更有表现力、更加优雅的语言，并指示计算机将其翻译为读取—执行周期能够理解的模式。

计算机语言有许多种，其中一些就是专为利基应用设计的。所谓利基应用是指针对企业的优势细分的市场，这个市场不大，而且缺乏令人满意的服务。设计产品以推进这个市场是因为其有赢利的基础。有些计算机语言长于操控文本，有些则能够有效处理结构化数据或应用数学概念。大部分计算机语言（但并非所有）都由规则和计算构成，这也是大部分人所理解的计算机。

1.3.5 建模

1.3.5

计算机科学家常常会谈及建立某个过程或物体的模型的话题，这并不是说要拿卡纸和软木来制作一个有形的复制品。模型是一个数学术语，意思是写出能够表达事件运作方式或规律的所有方程式并进行计算，这样就可以在没有真实的实验对象的情况下完成实验测试。由于计算机运行十分迅速，因此，与真正的实验操作相比，利用计算机建模能够更快得出答案。

在某些情况下，在现实生活中进行实验可能是不实际的。气候变化就是一个典型例子。根本没有第二个地球或足够长的时间可供人们进行实验。计算机模型可以非常简单，也可以非常复杂，完全取决于人们想要探索的信息是什么。

假设要对弹性球运动进行物理学建模。在理想环境中，掉落的弹性球总是会反弹到一定高度。如果它从 1m 高处掉落，那它可能会反弹至 0.5m 高，下一次反弹的高度可能只有 0.25m，再下一次可能是 0.125m，依此类推。反弹所需的时间是从掉落的球的物理运动中得出的。理想的弹性球会无限次弹跳,但由于每次弹跳时间会递减,所以球会在有限时间内结束有限次数的弹跳。在计算上建立这样的模型十分容易,但并不精确。因为球弹跳的次数不仅取决于球本身,还与反弹触及的表面有关。此外,球在每次弹跳的过程中还会因摩擦力和空气阻力损失能量。将所有这些因素都包括到模型当中需要以大量的研究和物理学知识作为支撑,但这也是可以完成的任务。

现在假设要计算球拍击球后网球在球场上弹跳的路径,需要考虑网球可能以不同角度接触的不同平面以及网球本身的旋转;此外,每次弹跳都会对网球内的空气进行加热并改变网球的物理特性。要建立这样的模型就更加困难。

最后,假设要设计某种武器,能够将橡皮球以极快的速度朝定点射出,由于速度太快,球会在冲击力的作用下破碎。需要对球的构成材料进行建模,并且追踪每一块四散的碎片。在建立足够精确的模型之前,甚至需要模拟球的每一个原子。利用现有的计算机,这样的模型的运行速度一定会十分缓慢。但是,这样的模型是有可能建立起来的,因为我们了解物理学和化学的基本原理。

人工智能最根本、宏伟的目标之一就是建立人脑的模型。完美模型固然最好,但精确性稍逊的模型也同样十分有效。在接下来的章节中,将深入探讨人们已经尝试过的用于建立完美模型的各种方法。有些方法已经产生了有用的产品,但就人们的目标而言却过于简单了;有些方法展示了成功的可能性;有些方法试图模拟逻辑和理性;有些方法则尝试模拟脑细胞。大部分研究人员认为解决问题的答案就隐藏在种种细节之中。如果有必要更精确地对单个细胞进行建模,从根本上来说利用计算机来实现这一点也不是完全不可能的。尽管或许还需要再等很多年,计算机或许才有能力以不错的速度运行这些模型。

1.4 人工智能大师

1.4.0

图灵(Alan Mathison Turing,1912—1954,图1-10),出生于英国伦敦帕丁顿,毕业于普林斯顿大学,是英国数学家、逻辑学家,被誉为“计算机科学之父”和“人工智能之父”,是计算机逻辑理论的奠基者。1950年,图灵在其论文《计算机器与智能》中提出了著名的“图灵机”和“图灵测试”等重要概念。图灵的思想为现代计算机的逻辑工作方式奠定了理论基础。为了纪念图灵对计算机科学的巨大贡献,1966年,由美国计算机协会(ACM)设立了图灵奖,以表彰在计算机科学中做出突出贡献的人。图灵奖被喻为“计算机界的诺贝尔奖”。

冯·诺依曼(John von Neumann,1903—1957,图1-11),出生于匈牙利,毕业于苏黎世联邦工业大学。他是数学家以及现代计算机、博弈论、核武器和生化武器等领域内的科学全才,被后人称为“现代计算机之父”和“博弈论之父”。他在泛函分析、遍历理论、几何学、拓扑学和数值分析等众多数学领域及计算机学、量子力学和经济学中都有重大成就,也为第一颗原子弹和第一台电子计算机的研制做出了巨大贡献。

图 1-10　图灵

图 1-11　冯·诺依曼

【作　　业】

1. 人类一直在利用计算工具帮助自己思考。最原始的计算工具可以追溯到(　　)。

A. 算盘　　B. 小鹅卵石　　C. 计算机　　D. 计算器

2. 一般认为，地处英格兰威尔特郡索尔兹伯里平原上的史前时代文化神庙遗址——巨石阵是古人用于(　　)的设施。

A. 预测天文事件　　B. 科学计算

C. 装饰大自然　　D. 军事防御

3. 1900 年，人们在希腊安提基特拉岛附近的罗马船只残骸上找到的机械残片被认为是(　　)。

A. 帆船的零部件　　B. 外星人留下的物件

C. 天体观测仪的残片　　D. 海洋生物的化石

4. 据说在 13 世纪左右，想学加法和减法上德国的学校就足够了；但如果还想学乘法和除法，就必须去意大利才行。这是因为当时(　　)。

A. 德国没有大学

B. 意大利人更聪明

C. 意大利文化水平比德国高

D. 所有的数字都是用罗马数字写成的，使计算变得很复杂

5. 1821 年，英国数学家兼发明家查尔斯·巴贝奇开始了对数学机器的研究，他研制的第一台数学机器叫(　　)。

A. 计算机　　B. 计算器　　C. 差分机　　D. 分析机

6. 1842 年，巴贝奇请求艾达帮他将一篇与机器相关的法文文章翻译成英文。艾达在翻译注解中阐述了关于一套机器编程系统的构想。由此艾达被后人誉为第一位(　　)。

A. 计算机程序员　　B. 法文翻译家

C. 机械工程师　　D. 数据科学家

7. 用来表示机器人的 robot 一词源于(　　)。

A. 1946 年图灵的一篇论文
B. 1920 年卡雷尔·恰佩克的一出舞台剧
C. 1968 年冯·诺伊曼的一部手稿
D. 1934 年卡斯特罗的一次演讲

8. 最初,computer 一词指的是(　　)。

A. 计算的机器　　B. 进行计算的人　　C. 计算机　　D. 计算桌

9. 世界上第一台通用电子数字计算机是(　　)。

A. ENIAC　　B. Colossus　　C. Ada　　D. SSEM

10. 计算机科学家常常会谈及建立某个过程或物体的模型的话题,“模型”指的是(　　)。

A. 类似航模的手工艺品
B. 机械制造业中的模具
C. 能够表达事件运作的方式或规律的方程式
D. 拿卡纸和软木制作的复制品

【研究性学习】 “神奇”的动物智能与对人工智能的憧憬

所谓“研究性学习”,是以培养学生“具有永不满足、追求卓越的态度,发现问题,提出问题,从而解决问题”的能力为基本目标,以学生从学习和社会生活中获得的各种课题、项目设计、作品设计与制作等为基本的学习载体,以在提出问题和解决问题的全过程中获得的科学研究方法、科学文化知识和丰富且多方面的体验为基本内容,以教师指导下的学生自主研究为基本教学形式的课程学习方式。

(1) 组织学习小组。人工智能通识课程的研究性学习活动需要成立学习小组,以集体形式开展活动。为此,请你邀请一些同学或接受其他同学的邀请,组成研究性学习小组。小组成员以 3～5 人为宜。

你们的小组成员是:

召集人:＿＿＿＿＿＿＿＿　(专业、班级:＿＿＿＿＿＿＿＿＿＿＿＿)
组　员:＿＿＿＿＿＿＿＿　(专业、班级:＿＿＿＿＿＿＿＿＿＿＿＿)
＿＿＿＿＿＿＿＿　(专业、班级:＿＿＿＿＿＿＿＿＿＿＿＿)
＿＿＿＿＿＿＿＿　(专业、班级:＿＿＿＿＿＿＿＿＿＿＿＿)
＿＿＿＿＿＿＿＿　(专业、班级:＿＿＿＿＿＿＿＿＿＿＿＿)

(2) 小组活动。讨论以下问题:

① 神奇的动物智能。举例说明你知道的动物智能的现象和趣事。

② 对人工智能的憧憬。想象人们对未来人工智能技术与应用发展的认识。

记录:请记录小组讨论的主要观点,推选代表在课堂上简单阐述你们的观点。

评分规则:若小组汇报得 5 分,则小组汇报代表得 5 分,其余同学得 4 分,以此类推。

实训评价(教师)：

什么是人工智能

2.1 人工智能概述

将人类与其他动物区分开的特征之一就是工具的使用。人类发明了车轮和杠杆，车轮减轻了远距离携带重物的负担，杠杆提升人类处理重物的能力。人类发明了长矛，从此不再需要徒手与猎物搏斗。数千年来，人类一直致力于创造越来越精密复杂的机器来节省体力，然而，能够帮助人类节省脑力的机器在漫长的历史中只是一个遥远的梦想。时至今日，我们才具备了足够的技术实力来探索更加通用的思考机器。

虽然计算机面世只有七十多年，但人们日常生活中的许多设备都蕴藏着人工智能(Artificial Intelligence，AI)技术。例如，手机能够告诉我们西雅图现在几点，电子游戏中会有计算机控制的怪兽鬼鬼祟祟地在背后攻击我们，在股票市场用退休金进行投资，银行系统拒绝我们的贷款，这些都是人工智能的体现。

2.1.1 "人工"与"智能"

2.1.1

显然，人工智能就是人造的智能，它是科学和工程的产物。我们也会进一步考虑什么是人力所能制造的，或者人自身的智能程度有没有达到可以创造人工智能的地步，等等。但生物学不在人工智能的讨论范围之内，因为基因工程与人工智能的科学基础全然不同。人们可以在器皿中培育脑细胞，但这只能算是生物大脑的一部分。所有人工智能的研究都围绕着计算机展开，其全部技术也都是在计算机中执行的。

至于什么是"智能"，问题就复杂多了，它涉及诸如意识、自我、思维(包括无意识的思维)等问题。事实上，人唯一了解的是人类自身的智能，但我们对自身智能的理解，对构成人的智能的必要元素也了解有限，很难准确定义出什么是"人工"制造的"智能"。因此，人工智能的研究往往涉及对人的智能本身的研究(图 2-1)，其他关于动物或人造系统的智能也普遍被认为是与人工智能相关的研究课题。

1906 年，法国心理学家阿尔弗雷德·比奈这样描述智能："……判断，又或称为判断力强，实践感强，首创精神，适应环境的能力。良好决策、充分理解、正确推论……但记忆与判断不同且独立于判断。"

《牛津英语词典》将智能定义为"获取和应用知识与技能的能力"，这显然取决于记忆。

图 2-1　研究人的智能

也许人工智能领域已经影响了人们对智力的一般性认识，因此，人们会根据知识对实际情况的指导作用来判断知识的重要程度。人工智能的一个重要领域就是存储知识，以供计算机使用。

棋局是程序员研究的早期问题之一。他们认为，就国际象棋而言，只有人类才能获胜。1997 年，IBM 公司的计算机深蓝（Deep Blue）击败了国际象棋大师加里·卡斯帕罗夫（图 2-2），但深蓝并没有显示出任何人类特质，仅仅只是对这一任务进行快速、有效的编程而已。

图 2-2　卡斯帕罗夫与深蓝对弈

2.1.2　图灵测试

1950 年，在计算机发明后不久，图灵提出了一个检测机器智能的测试，也就是后来广为人知的图灵测试（Turing test）。在测试中，测试者分别与计算机和人类各交谈 5min，随后判断哪个是计算机，哪个是人类。图灵认为，到 2000 年，测试者答案的正确率可能只有 70%。每一年，所有参加测试的程序中最接近人类的那一个将被授予罗布纳人工智能奖（Loebner prize）。到目前为止，还没有出现任何程序能够如图灵预测的那样出色，但它们的表现确实越来越好了，就像国际象棋程序能够击败国际象棋大师一样，计算机最终一定可以像人类一样流畅交谈。当那天来临的时候，会话能力显然就不能再代表智力了。

2.1.3 人工智能的定义

2.1.3

作为计算机科学的一个分支，人工智能是研究、开发用于模拟、延伸和扩展人的智能的理论、方法、技术及应用系统的一门新的技术科学（图2-3），是一门自然科学、社会科学和技术科学交叉的边缘学科，它涉及的学科内容包括哲学、认知科学、数学、神经生理学、心理学、计算机科学、信息论、控制论、不定性论、仿生学、社会结构学与科学发展观等。

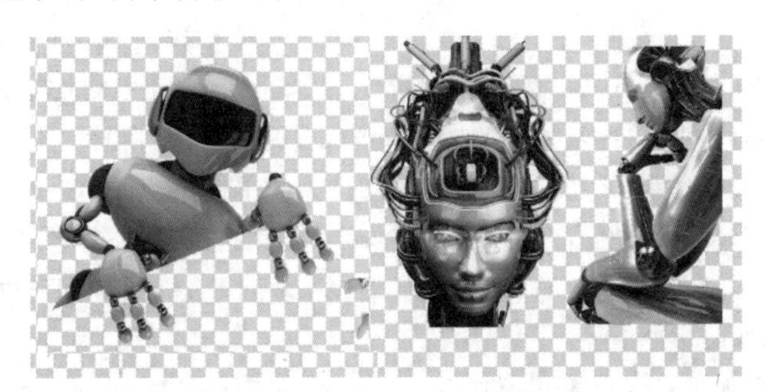

图2-3 人工智能是一门新的技术科学

人工智能研究领域的一个较早流行的定义是由约翰·麦卡锡在1956年的达特茅斯会议上提出的，即**人工智能就是要让机器的行为看起来像是人类所表现出的智能行为一样**。另一个定义指出：**人工智能是人造机器所表现出来的智能性**。总体来讲，对人工智能的定义可划分为4类，即机器"像人一样思考""像人一样行动""理性地思考"和"理性地行动"。这里"行动"应广义地理解为采取行动或制定行动的决策，而不是肢体动作。

尼尔逊教授对人工智能下了这样一个定义：**"人工智能是关于知识的学科——怎样表示知识以及怎样获得知识并使用知识的科学。"**而温斯顿教授认为**"人工智能就是研究如何使计算机去做过去只有人才能做的智能工作。"**这些说法反映了人工智能学科的基本思想和基本内容。即人工智能是研究人类智能活动的规律，构造具有一定智能的人工系统，研究如何让计算机去完成以往需要人的智力才能胜任的工作，也就是研究如何应用计算机的软硬件来模拟人类某些智能行为的基本理论、方法和技术。

可以把人工智能定义为一种工具，它用来帮助或者替代人类思维。它是计算机程序，可以独立存在于数据中心，也可以通过诸如机器人之类的设备体现出来。它具备智能的外在特征，有能力在特定环境中有目的地获取和应用知识与技能。

人工智能是对人的意识、思维的信息过程的模拟。人工智能不是人的智能，但能像人那样思考，甚至也可能超过人的智能。人工智能自诞生以来，其理论和技术日益成熟，其应用领域也不断扩大，可以预期，人工智能所带来的科技产品将会是人类智慧的"容器"，因此，人工智能是一门极富挑战性的学科。

20世纪70年代以来，人工智能被称为世界三大尖端技术之一（空间技术、能源技术、人工智能），也被认为是21世纪三大尖端技术（基因工程、纳米科学、人工智能）之一，这是因为近几十年来人工智能获得了迅速的发展，在很多学科领域都获得了广泛应用，取得了丰硕成果。

2.1.4 人工智能的实现途径

对于人的思维进行模拟的研究可以从两个方向进行：一是结构模拟，仿照人脑的结构机制，制造出"类人脑"的机器；二是功能模拟，对人脑的功能过程进行模拟。现代电子计算机的产生便是对人脑思维功能的模拟，是对人脑思维的信息过程的模拟。

2.1.4

实现人工智能有3种途径，即强人工智能、弱人工智能和实用型人工智能。

强人工智能(bottom-up AI)又称多元智能。研究人员希望人工智能最终能成为多元智能并且超越大部分人类的能力。有些人认为，要达成以上目标，可能需要拟人化的特性，如人工意识或人工大脑。上述观点的核心是人工智能的完整性：为了解决其中一个问题，就必须解决全部的问题。即使一个简单和特定的任务，如机器翻译，也要求机器按照作者的论点，忠实地再现作者的意图(情感计算)。因此，机器翻译被认为是具有人工智能完整性。

强人工智能的观点认为，有可能制造出真正能推理和解决问题的智能机器，并且这样的机器将被认为是有知觉的，有自我意识的。强人工智能可以分为以下两类：

(1) 类人的人工智能，即机器像人一样思考和推理。

(2) 非类人的人工智能，即机器产生了和人完全不一样的知觉和意识，使用和人完全不一样的推理方式。

强人工智能即便可以实现也很难被证实。为了创建具备强人工智能的计算机程序，人们必须清楚了解人类思维的工作原理。而想要实现这样的目标，人们还有很长的路要走。

弱人工智能(top-down AI)观点认为，不可能制造出能真正地推理和解决问题的智能机器，这些机器只不过看起来像是拥有智能的，但是并不真正拥有智能，也不会有自主意识。

弱人工智能只要求机器能够体现出智能行为，具体的实施细节并不重要。深蓝计算机就是在这样的理念下产生的，它没有试图模仿国际象棋大师的思维，仅仅遵循既定的操作步骤。倘若人类和计算机遵照同样的步骤，那么比赛时间将会大大延长，因为计算机每秒验算的可能走位就高达2亿个，就算思维能力惊人的国际象棋大师也不太可能达到这样的速度。人类拥有高度发达的战略意识，这种意识将需要考虑的走位限制在几步或是几十步以内，而计算机考虑的步数以百万计。就弱人工智能而言，这种差异无关紧要，能证明计算机比人类更会下国际象棋就足够了。

如今，主流的研究活动都集中在弱人工智能上，并且一般认为这一研究领域已经取得了可观的成就；而强人工智能的研究则处于停滞不前的状态。

第三种途径称为**实用型人工智能**。研究者将目标放低，不再试图创造出像人类一样有智慧的机器。现在人们已经知道如何创造出能模拟昆虫行为的机器人(图2-4)。这样的机器人看起来似乎并没有什么用，但是它们在完成某些特定任务时是大有用处的。例如，一群像狗一样大、具备蚂蚁智商的机器人在清理碎石和在灾区寻找幸存者时就能够发挥很大的作用。

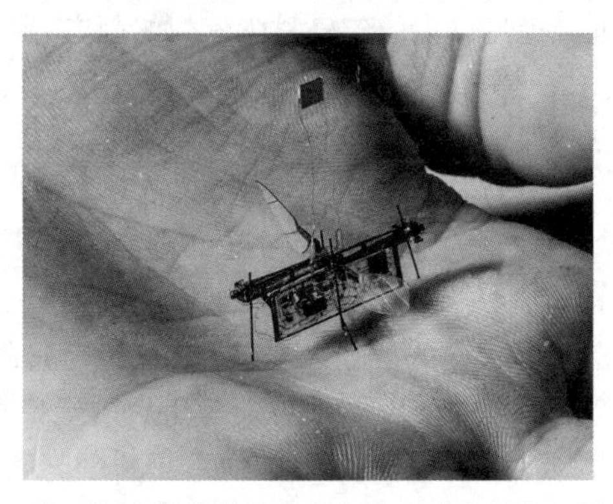

图 2-4 美国华盛顿大学研制的靠激光束驱动的昆虫机器人 RoboFly

随着机器人变得越来越精细,机器人能够模仿的生物越来越高等。最终,人们可能必须接受这样的事实:机器人似乎变得像人类一样有智能了。也许实用型人工智能与强人工智能殊途同归,但考虑到智能的复杂性,我们不会相信机器人是有自我意识的。

2.2 人工智能发展历史

人类对人工智能的幻想可以追溯到古埃及。电子计算机的诞生使信息存储和处理的各个方面都发生了革命,计算机理论的发展产生了计算机科学并最终促使人工智能出现。计算机这个用电子方式处理数据的发明为人工智能的实现提供了一种媒介。

2.2.1 从人工神经元开始

2.2.1

1943 年,沃伦·麦卡洛克和沃尔特·皮茨提出了人工神经元的概念,证明了本来是纯理论的图灵机可以由人工神经元构成。制造一个人工神经元需要大量真空管;然而,只需要很少的真空管就可以形成逻辑门,即包含一个或多个输入端与一个输出端的电子电路,按输入与输出间的特定逻辑关系执行相应的操作。逻辑门也是计算机的组成部分。

1950 年,图灵发表名为《计算机器与智能》的文章,指出了定义智能的困难所在。他提出,能像人类一样进行交谈和思考的计算机是有希望制造出来的,至少在非正式会话中难以区分。著名的图灵测试依据的就是计算机能否与人类无差别交谈这一评价标准。

取得这些成果不久之后,计算机就开始被应用于第一批人工智能实验,当时所用的计算机体积小且速度慢。曼彻斯特马克一号计算机以小规模实验机为原型,存储器仅有 640B,时钟频率为 555Hz,这就意味着必须谨慎挑选利用它们来解决的研究问题。在第一个 10 年里,人工智能项目涉及的都是基本应用,这也成为后续探索研究的奠基石。

逻辑理论机发布于 1956 年,以 5 个公理为出发点进行推导,以此来证明数学定理。这类问题就如同迷宫,你假定自己朝着出口的方向走就是最好的路线,但实际上往往并不能成功,这也正是逻辑理论机难以解决复杂问题的原因所在。它选择看起来最接近目标的方程式，丢弃了那些看起来偏离目标的方程式。然而，被丢弃的可能正是最需要的。

同样在1956年，一批有远见卓识的年轻科学家，如达特茅斯学院的约翰·麦卡锡、哈佛大学的马文·闵斯基、IBM公司的纳撒尼尔·罗彻斯特以及贝尔实验室的克劳德·香农在达特茅斯会议上研究和探讨了用机器模拟智能的一系列有关问题，创建了达特茅斯夏季人工智能研究计划。这场为期两个月的会议聚集了人工智能领域的顶尖专家学者，对后世产生了深远影响，首次提出了Artificial Intelligence这一术语，它标志着人工智能这门新兴学科的正式诞生。

到1959年，美国计算机领域的先驱阿瑟·塞缪尔已经为其跳棋程序配备了比逻辑理论机更加务实的方法。跳棋程序的处理体系与十多年后的遗传算法十分类似，该程序与自身进行一系列游戏，并在此过程中不断学习如何给每一个棋盘位置评分，通过比较不同位置的得分确定推荐走法，以此来避免错误移动，选择最佳走法。

1961年，美国数学家詹姆斯·斯拉格编写了符号自动积分程序(SAINT)，该程序能够像本科一年级学生一样解决微积分问题。尽管它关注的是微积分这一晦涩难懂的领域，但其实是解决搜索问题的另一种尝试，其工作原理不是探索所有可能的解决方案，而是将问题分解为更容易解决的不同部分。

1964年，美国博士生丹尼尔·鲍博罗证明了计算机通过编程能够深度理解自然语言(指英语)，并计算简单的代数方程。一年后，德裔计算机科学家约瑟夫·维森鲍姆发布了ELIZA程序，该程序能够与用户流畅会话，甚至被误当成真人。

1966年，首届机器智能研讨会在英国爱丁堡成功举行。然而，就在同一年，一篇诋毁机器翻译(将一种人类语言翻译成另一种人类语言)的报告极大地削减了接下来几年间自然语言研究的资金支持。人工智能领域本该有持续不断的进步，但实际发展却总比支持者预想的要缓慢得多。

1967年，第一套成功的专家系统DENDRAL推出，它能够帮助化学家从质谱学(一种化学分析技术，通过衡量样本被加热时发出的光来判断其所含化学物质的量和种类)角度分析数据，以辨别单体化合物。

1968年，麻省理工学院(MIT)的程序员理查德·格林布莱特编写了一套国际象棋程序，其水平足以拿到国际象棋锦标赛C类评级，与国际象棋协会的资深会员不相上下。

1969年，首届国际人工智能联合会议在美国加利福尼亚州的斯坦福大学召开。同年，麻省理工学院教授马文·明斯基和西摩尔·帕普特出版了《感知器》(又名《人工神经元》)一书，指出了存在于人工智能研究中的前人未曾预料到的一些缺陷和不足，这可能也是造成之后一二十年间人工智能研究成果锐减的原因。

1971年，美国麻省理工学院学生特里·威诺格拉德在其博士论文中提出了SHRDLU系统。该系统能够利用虚拟机械臂移动虚拟积木，接收英语指令并给出相应的回答，它会设计一套方案来实现目标。例如，假设需要将蓝色方块置于红色方块上，但黄色方块已经占据了目标位置，该系统会明白必须先将黄色方块移开。SHRDLU能够根据上下文理解代词等的含义，例如，"拿起红色方块，然后将它放在蓝色方块上"中的"它"。该系统还可以记住并描述所有操作步骤，也可以对"为什么要这么操作"这类问题进行回答。

1973年，爱丁堡大学装配机器人小组创造了弗雷迪(Freddy)，它拥有双目视觉，能够辨识模型的不同部分，再将其重新组装成完整模型，耗时约16h。然而，1973年的《莱特希尔报告》却否定了这一研究进展，造成政府资助的锐减。

1974年，哈佛大学的博士生保罗·沃伯斯引入了一种可以使人工神经网络自主学习的新途径。这种方法在20世纪80年代中期被广泛运用，结束了自1969年起技术进展缓慢的时期。

1975年，加拿大裔计算机科学家、医生泰德·肖特利夫在他的斯坦福大学博士论文中介绍了MYCIN。该系统借鉴了DENDRAL的理念，可以为医生的医疗诊断提供建议。然而，这一专家系统却很少被采用，因为它过多描述了病人的症状，反而对如何指导医生做出决定阐述得并不充分。但不可否认，到20世纪80年代中期，许多专家系统都在MYCIN的影响下成为成功的商业产品。同样是在1975年，马文·明斯基发表了他备受关注的文章，提出用框架表示知识的设想。

图2-5 斯坦福马车

1979年，汉斯·莫拉维克制成了斯坦福马车(Stanford Cart，图2-5)，这是历史上首辆无人驾驶汽车，它能够穿过布满障碍物的房间，也能够环绕人工智能实验室行驶。

1980年，美国人工智能协会首届年会成功召开。

1986年，德国慕尼黑联邦国防军大学的恩斯特·迪克曼斯团队制成了能在空旷马路上以90km/h的速度行驶的无人驾驶汽车。

1987年，马文·明斯基发表论文，将思维看作协同合作的集合代理。罗德尼·布鲁克斯以几乎一致的方法发展了机器人的包容体系结构。

1991年海湾战争期间，动态分析和重规划工具DART程序被用于计划战区的资源配置。据说，鉴于该系统发挥的重要作用，美国政府国防高级研究计划署过去30年间对人工智能研究的所有投资已经全部收回。

1994年，两辆载有人类司机和乘客的机器人汽车安全地在繁忙的巴黎街头行驶了超过1000km，随后又从慕尼黑开到了哥本哈根。人类驾驶员负责完成诸如超车等操作，并在道路施工等棘手的情况下完全接管车辆控制。在同一年，计算机程序Chinook迫使国际跳棋冠军退位，并击败了排名第二的选手。1997年5月，IBM公司研制的深蓝计算机战胜了国际象棋大师卡斯帕罗夫，这是人工智能技术的一次完美表现。

1998年，老虎电子公司推出了第一款用于家庭环境的人工智能玩具——菲比精灵(Furby)。一年后，索尼公司推出了电子宠物狗AIBO。

2000年，麻省理工学院的辛西娅·布雷齐尔发表论文，介绍了拥有面部表情的机器人Kismet。

2002年，美国iRobot公司推出了智能真空吸尘器Roomba。

2004年,美国国家航空航天局探测车“勇气号”(Spirit)和“机遇号”(Opponunity)在火星着陆。由于无线电信号的长时延迟,两辆探测车必须根据地球传来的一般性指令进行自主操作。

2005年,追踪网络和媒体活动的技术已经开始支持公司向消费者推荐他们可能感兴趣的产品。

2011年,IBM公司旗下的计算机沃森击败布拉德·鲁特和肯·詹宁斯,成为美国智力竞赛电视节目《危险边缘》的最终赢家。

到2015年中期,谷歌公司无人驾驶汽车的车队已经累计行驶超过1.5×10^6km,仅发生了14起轻微事故且均不是由无人驾驶汽车本身造成的。谷歌公司预测该技术将于2020年向公众开放(图2-16)。

图2-6 谷歌公司的无人驾驶汽车

2.2.2 人工智能发展的6个阶段

2.2.2

虽然计算机为人工智能提供了必要的技术基础,但人们直到20世纪50年代初才注意到人类智能与机器之间的联系。诺伯特·维纳是最早研究反馈理论的美国科学家之一。反馈控制的一个人们熟悉的例子是自动调温器,它将收集到的房间温度与人们希望的温度比较并做出反应,将加热器功率加大或减小,从而控制环境温度。维纳从理论上指出,所有的智能活动都是反馈机制的结果,而反馈机制是有可能用机器模拟的。这项发现对人工智能的早期发展影响很大。

人工智能60余年的发展历程颇为曲折,大致可以划分为以下6个阶段(图2-7)。

(1) 起步发展期。1956年到20世纪60年代初。在人工智能概念被提出后,人们相继取得了一批令人瞩目的研究成果,如机器定理证明、跳棋程序、LISP表处理语言等,掀起了人工智能发展的第一个高潮。

(2) 反思发展期。20世纪60年代初至70年代初。人工智能发展初期的突破性进展大大提升了人们对人工智能的期望,人们开始尝试更具挑战性的任务,并提出了一些不切实际的研发目标。然而,接二连三的失败和预期目标的落空(例如无法用机器证明两个连续函数之和仍然是连续函数,机器翻译闹出笑话,等等),使人工智能的发展走入低谷。

(3) 应用发展期。20世纪70年代初至80年代中期。20世纪70年代初出现的专家

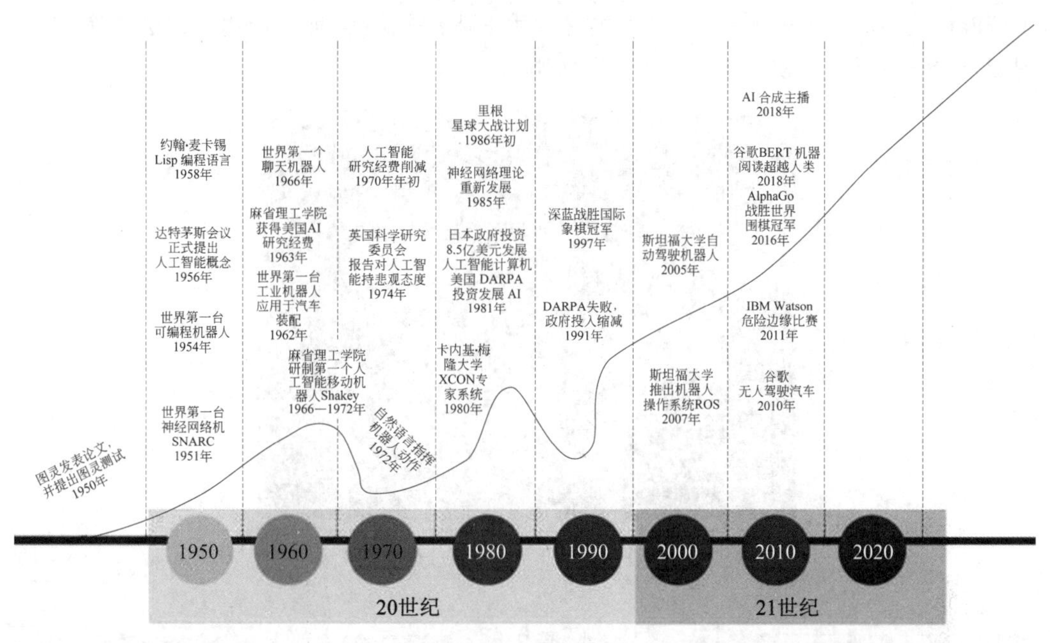

图 2-7　人工智能发展历程

系统模拟人类专家的知识和经验解决特定领域的问题，实现了人工智能从理论研究走向实际应用、从一般推理策略探讨转向运用专门知识的重大突破。专家系统在医疗、化学、地质等领域取得成功，推动人工智能掀起应用发展的新高潮。

(4) 低迷发展期。20 世纪 80 年代中期至 90 年代中期。随着人工智能的应用规模不断扩大，专家系统存在的应用领域狭窄、缺乏常识性知识、知识获取困难、推理方法单一、缺乏分布式功能、难以与现有数据库兼容等问题逐渐暴露出来。

(5) 稳步发展期。20 世纪 90 年代中期到 2010 年。由于网络技术特别是因特网技术的发展，信息与数据的汇聚不断加速，加速了人工智能的创新研究，促使人工智能技术进一步走向实用化。1997 年 IBM 公司深蓝超级计算机战胜了国际象棋世界冠军卡斯帕罗夫，2008 年 IBM 公司提出“智慧地球”的概念，这些都是这一时期的标志性事件。

(6) 蓬勃发展期。2011 年至今。随着因特网、云计算、物联网、大数据等信息技术的发展，泛在感知数据和图形处理器等计算平台推动了以神经网络、深度学习为代表的人工智能技术飞速发展，大幅跨越科学与应用之间的技术鸿沟，图像分类、语音识别、知识问答、人机对弈、无人驾驶等具有广阔应用前景的人工智能技术突破了从“不能用、不好用”到“可以用”的技术瓶颈，人工智能发展掀起爆发式增长的新高潮。

我国政府以及社会各界都高度重视人工智能学科的发展。2017 年 12 月，“人工智能”入选 2017 年度中国媒体十大流行语。2019 年 6 月 17 日，国家新一代人工智能治理专业委员会发布《新一代人工智能治理原则——发展负责任的人工智能》，提出了人工智能治理的框架和行动指南。这是中国促进新一代人工智能健康发展，加强人工智能法律、伦理、社会问题研究，积极推动人工智能全球治理的一项重要成果。

AlphaGo(阿尔法狗)之父哈萨比斯(图 2-8)表示：“我提醒诸位，必须正确地使用人工智能。正确的两个原则是：人工智能必须用来造福全人类，而不能用于非法用途；人工智能技术不能仅为少数公司和少数人所使用，必须共享。”

图 2-8　人机围棋大战前李世石与 AlphaGo 之父哈萨比斯(左)握手

2.3　人工智能的研究

繁重的科学和工程计算本来是要由人脑来完成的，如今计算机不但能完成这种计算，而且能够比人脑做得更快、更准确，因此，人们已不再把这种计算看成“需要人类智能才能完成的复杂任务”。可见，复杂工作的定义是随着时代的发展和技术的进步而变化的，人工智能的具体目标也随着时代的变化而发展。它一方面不断获得新进展；另一方面又转向更有意义、更加困难的新目标。

2.3.1

2.3.1　人工智能的研究领域

用来研究人工智能的主要物质基础以及能够实现人工智能技术平台的机器就是计算机，人工智能的发展是和计算机科学技术以及其他很多学科的发展联系在一起的(图 2-9)。人工智能学科研究的主要内容包括知识表示、知识获取、自动推理和搜索方法、机器学习、神经网络和深度学习、知识处理系统、自然语言学习与处理、遗传算法、计算机视觉、智能机器人、自动程序设计、数据挖掘、复杂系统、规划、组合调度、感知、模式识别、逻辑程序设计、软计算、不精确和不确定的管理、人类思维方式、人工生命等方面。一般认为，人工智能最关键的难题还是机器自主创造性思维能力的塑造与提升。

下面简要介绍与人工智能关系最密切、进展最快的 6 个研究领域。

(1) 深度学习。这是无监督学习的一种，是机器学习研究中的一个新的领域，是基于现有的数据进行学习操作，其目标在于建立、模拟人脑进行分析学习的神经网络。它模仿人脑的机制来解释数据，例如图像、声音和文本(图 2-10)。

现实生活中常常会有这样的问题：缺乏足够的先验知识，因此难以人工标注类别或进行人工类别标注的成本太高。很自然地，人们希望计算机能代替人完成这些工作，或至少提供一些帮助。根据类别未知(没有被标记)的训练样本解决模式识别中的各种问题，称为无监督学习。

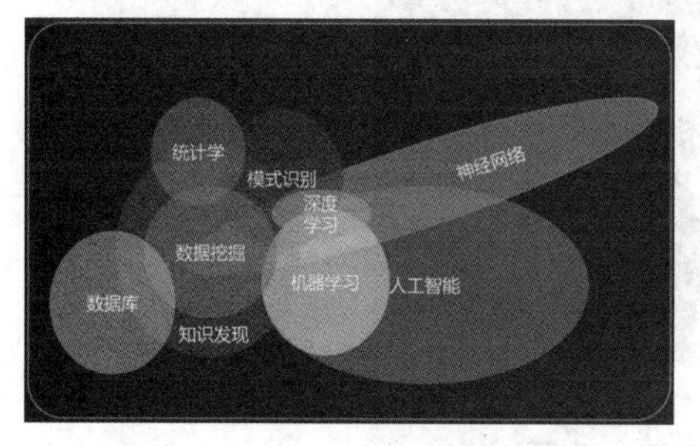

图 2-9　人工智能的相关领域

图 2-10　神经网络与深度学习

(2) 自然语言处理。这是用自然语言同计算机进行通信的一种技术。作为人工智能的分支学科,研究用电子计算机模拟人的语言交际过程,使计算机能理解和运用人类社会的自然语言,如汉语、英语等,实现人机之间的自然语言通信,以代替人的部分脑力劳动,包括查询资料、解答问题、摘录文献、汇编资料以及一切有关自然语言信息的加工处理。

(3) 计算机视觉。它是指用摄影机和计算机等构成的机器视觉代替人眼对目标进行识别、跟踪和测量,并进一步对图像进行处理,使计算机处理后的图像更适合人眼观察或仪器检测处理(图 2-11)。

图 2-11　计算机视觉应用

计算机视觉以各种成像系统代替视觉器官作为输入手段,由计算机来代替大脑完成对图像的处理和解释。计算机视觉的最终研究目标就是使计算机能像人那样通过视觉来观察和理解世界,具有自主适应环境的能力。计算机视觉的应用包括过程控制、导航、自动检测等方面。

(4) 智能机器人。如今人们的身边逐渐出现很多智能机器人(图 2-12),它们具备形形色色的内外部信息传感器,如视觉、听觉、触觉、嗅觉。除具有感受器外,它们还有效应器,作为作用于周围环境的手段。这些机器人都离不开人工智能技术的支持。

科学家认为,智能机器人的研发方向是给机器人装上"大脑芯片",从而使其智能性更强。这样,机器人在认知学习、自动组织、对模糊信息的综合处理等方面将会前进一大步。

(5) 自动程序设计。它是指根据给定问题的原始描述自动生成满足要求的程序。它是软件工程和人工智能相结合的研究课题。自动程序设计主要包含程序综合和程序验证

图 2-12　智能机器人

两方面内容。前者实现自动编程,即用户只需告知机器“做什么”,无须告诉它“怎么做”,后一步的工作由机器自动完成;后者是程序的自动验证,自动完成正确性的检查。自动程序设计的目的是提高软件生产率和软件产品质量。

自动程序设计的任务是设计一个程序系统,它接收关于程序要实现的目标的高级描述作为其输入,然后自动生成一个能实现这个目标的具体程序。该研究的重大贡献之一是把程序调试的概念作为问题求解的策略来使用。

(6) 数据挖掘。它一般是指通过算法搜索隐藏于大量数据中的信息的过程。它通常与计算机科学有关,并通过统计、在线分析处理、情报检索、机器学习、专家系统(依靠过去的经验法则)和模式识别等诸多方法来实现上述目标。它的分析方法包括分类、估计、预测、相关性分组或关联规则、聚类和复杂数据类型挖掘。

人工智能技术的三大结合领域分别是大数据、物联网和边缘计算(云计算)。经过多年的发展,大数据目前在技术体系上已经趋于成熟,而且机器学习也是大数据分析比较常见的方式。物联网是人工智能的基础,也是未来智能体重要的落地应用场景,所以学习人工智能技术也离不开物联网知识。人工智能领域的研发对于数学基础的要求比较高,具有扎实的数学基础对于掌握人工智能技术很有帮助。

2.3.2　新图灵测试

2.3.2

数十年来,研究人员一直使用图灵测试来评估机器模仿人思考的能力,但这个针对人工智能的评判标准已经使用了近 70 年之久,研究者认为应该更新换代,开发出新的评判标准,以驱动人工智能研究在现代化的方向上更进一步。

新的图灵测试会包括更加复杂的挑战。加拿大多伦多大学的计算机科学家赫克托·莱维斯克提出了“威诺格拉德模式挑战”,这个挑战要求人工智能回答关于语句理解的一些常识性问题。例如:“这个纪念品无法装在棕色手提箱内,因为它太大了。问:什么太大了?回答 0 表示纪念品,回答 1 表示手提箱。”

马库斯的建议是在图灵测试中增加对复杂资料的理解,包括视频、文本、照片和播客。

例如,一个计算机程序可能会被要求“观看”一个电视节目或者 YouTube 视频,然后根据内容来回答问题,像“为什么电视剧《绝命毒师》中老白打算甩开杰西?”等。

【作 业】

1. 作为计算机科学分支的人工智能的英文缩写是(　　)。

A. CPU　　B. AI　　C. BI　　D. DI

2. 人工智能是研究、开发用于模拟、延伸和扩展人的智能的理论、方法、技术及应用系统的一门交叉学科,它涉及(　　)。

A. 自然科学　　B. 社会科学　　C. 技术科学　　D. A、B 和 C

3. 人工智能定义中的“智能”涉及诸如(　　)等问题。

A. 意识　　B. 自我　　C. 思维　　D. A、B 和 C

4. 下列关于人工智能的说法中不正确的是(　　)。

A. 人工智能是关于知识的学科——怎样表示知识以及怎样获得知识并使用知识的学科

B. 人工智能研究如何使计算机去做过去只有人才能做的智能工作

C. 自 1946 年以来,人工智能学科经过多年的发展,已经趋于成熟,得到充分应用

D. 人工智能不是人的智能,但能像人那样思考,甚至也可能超过人的智能

5. 下列说法中错误的是(　　)。

A. 世界三大尖端技术包括空间技术、能源技术、人工智能

B. 世界三大尖端技术包括管理技术、工程技术、人工智能

C. 世界三大尖端技术包括基因工程、纳米科学、人工智能

D. 人工智能已成为一个独立的学科分支,在理论和实践上都已自成系统

6. 强人工智能强调人工智能的完整性。(　　)不属于强人工智能。

A. (类人)机器的思考和推理就像人的思维一样

B. (非类人)机器产生了和人完全不一样的知觉和意识

C. 智能机器看起来像是智能的,其实并不真正拥有智能,也不会有自主意识

D. 有可能制造出真正能推理和解决问题的智能机器

7. 被誉为“人工智能之父”的科学大师是(　　)。

A. 爱因斯坦　　B. 冯·诺依曼　　C. 钱学森　　D. 图灵

8. 电子计算机的出现使信息存储和处理的各个方面都发生了革命。下列说法中不正确的是(　　)。

A. 计算机是用于操纵信息的设备

B. 计算机在可改变的程序的控制下运行

C. 人工智能技术是后计算机时代的先进工具

D. 计算机这个用电子方式处理数据的发明,为实现人工智能提供了一种媒介

9. 维纳从理论上指出,所有的智能活动都是(　　)机制的结果,而这一机制是有可能用机器模拟的。这项发现对早期人工智能的发展影响很大。

A. 反馈　　B. 分解　　C. 抽象　　D. 综合

10.(　　)年夏季,一批有远见卓识的年轻科学家在达特茅斯会议上研究和探讨了用机器模拟智能的一系列有关问题,首次提出了 Artificial Intelligence 这一术语,它标志着人工智能这门新兴学科的正式诞生。

A. 1946　　B. 1956　　C. 1976　　D. 1986

11. 用来研究人工智能的主要物质基础以及能够实现人工智能技术平台的机器就是计算机。下列各项中(　　)不是人工智能研究的主要领域。

A. 深度学习　　B. 计算机视觉　　C. 智能机器人　　D. 人文地理

12. 人工智能在计算机上的实现方法有多种,但(　　)不属于其中。

A. 利用传统的编程技术使系统呈现智能的效果

B. 利用多媒体复制和粘贴的方法

C. 利用传统开发方法,而不考虑所用方法是否与人或动物机体所用的方法相同

D. 利用模拟法,不仅要看效果,还要求实现方法也和人类或生物机体所用的方法相同或相似

【研究性学习】 自动驾驶汽车的现实与未来

小组活动:讨论自动驾驶汽车的现实与未来。

记录:请记录小组讨论的主要观点,推选代表在课堂上简要阐述你们的观点。

评分规则:若小组汇报得 5 分,则小组汇报代表得 5 分,其余同学得 4 分,以此类推。

____

____

____

____

____

实训评价(教师):______________________________

____

规则与专家系统

3.1 规则与策略

最初，尝试创建人工智能系统的研究人员认为，人们所需要的不过是足够的规则而已。研究人员从一开始就十分清楚，创造与人类完全相似的思维需要编写大量的规则，其数量甚至超过计算机能够处理的极限，所以他们开始向这一目标慢慢迈进。显然，只有人类才能下国际象棋(图 3-1)，所以这就成为他们首先需要解决的问题。

图 3-1　国际象棋

3.1.0

3.1.1　制胜策略

计算机在编程后能够进行的第一批游戏都是具备制胜策略的。例如，在游戏“21 点”中，第一个玩家首先说 1，随后第二个玩家说的数字需要比前一个数大 1、2 或 3，两个玩家交替报数，玩家所报的数字不能大于 21。若某个玩家说出 21，则对方获胜。举例如下：

爱丽丝：1

鲍勃：3

爱丽丝：6

鲍勃：9

爱丽丝：11

鲍勃：14

爱丽丝：17

鲍勃：19

爱丽丝：20

鲍勃：21

爱丽丝获胜。

从上例中可以看出，"21点"游戏的制胜策略就是确保自己成为说出20的玩家，因为只有这样对手才不得不说出21。因此，在此之前所有的步骤必须能够确保自己有机会说出数字20而对手不能。自己的数字必须低于17，并且在接下来的步骤中自己加的数加上对手加的数需要将要说出数字累计到20。一回合内加的数不能超过3，对手可能只加1，所以自己能报出的最小的数字是16。如果重复同样的推理过程，就可以发现16、12、8和4都是帮助游戏取胜的数字。

这个游戏对计算机程序来说十分简单。显然，在玩这个游戏时，计算机程序和人类的推理过程完全一致，但这样的程序既无趣，也没有充分展现出智能。

3.1.2 极小极大化策略

如果不存在制胜策略，计算机就会寻找能够实现目标的最优方案。假设对手报出的数字是17，计算机就会考虑接下来的所有可能报数，即18、19和20，并决定哪一个才是最佳选择。就每一个数字而言，计算机都要思考在游戏结束之前的所有可能性。以18为例，对手可能给出19、20和21。如果对手给出的数字是21，那么游戏结束；否则继续考虑双方后续的所有回合。下面列出了所有可能的情况(加下画线的数字为计算机报的数)：

18,19,20,21

18,19,21

18,20,21

18,21

19,20,21

19,21

20,2I

我们必须假设对手会做出对其最有利的选择，当然，我们也希望将最有利的选择掌握在自己手中。所以，在考虑自己接下来的每一步行动时，都会将获胜概率最低的数字抛弃；在考虑对手的行动时，会更加关注那些会导致我们失败的选择。这就是**极大极小化策略**，即在我们的回合争取获得最大化利益，在对手回合则考虑将其利益最小化。将这一策略应用到上述对局中，剩下的选择如下：

20,21

如果我们选择的数字为18或19都会输掉比赛，因为在这两种情况下对手都可以报出20，随即获胜。如果想要赢得比赛，唯一的可能就是我们抢先报出数字20。当然，我们早就清楚这一点，因为这就是游戏的制胜策略。

本例讨论的是游戏结束前的一个回合，但仍然需要考虑7种不同情况。如果游戏刚刚开始，那么要考虑的可能性更多。事实上，从游戏开始，玩家就面对着121 415种不同可能。这组数字对人类而言过于巨大,但计算机却可以轻松应对。

对于更复杂的游戏来说,玩家需要考虑的可能性的数目都会大得多。据说,每一盘国际象棋棋局的全部可能棋盘走位数目用指数形式表示是 10^{45}(图 3-2)。面对这样巨大的数字,即使是深蓝计算机,每秒能够预估 2 亿个走位,也需要 2×10^{24} 年才能够决定第一步棋,地球的寿命都没有那么久。所有耗时更短的程序都是只考虑有限数字的棋子移动,再对棋盘布局进行战略评估。在一盘棋中,对弈者走两步棋就涉及 81 万个棋盘位置。走三步棋则是 7.29 亿个位置,计算机需要相当长的时间来进行计算,但这仍然是可行的。然而,只预估到第三步棋的选手是不可能下好国际象棋的。无法确定所有棋子位置,又不能只局限于三步棋,还可以选择其他优化方案。如果采集了足够多的棋盘信息,计算机程序就能提前预测何种方式可以取得成功,看起来优势不大的序列就会被早早丢弃。

图 3-2 国际象棋残局

人们曾经认为大幅修剪获胜无望的序列能够帮助计算机深入评估哪些是更具优势的选择。然而,事实上,对特定移动进行全面精准的评估比评估所有移动还要耗时。现代程序倾向于采用轻度优化策略。优秀的人类选手在走每一步棋时一般考虑 40 个左右的棋盘位置,他们根据经验就可以判断哪些选择是值得思索的。说到经验,对于一个水平欠佳的入门级选手来说,评估棋子移动和制定战略是国际象棋最困难的部分,而对计算机来说这恰恰是最容易的。不能像优秀的棋手一样判断哪些移动是有利的,可能会忽略超过一半的可选方案(大部分还是正确方案),这也是对计算机程序而言的困难所在。

3.2 利用规则推导建立的专家系统

人工智能的另一个探索方向是专家系统。用户在输入一系列数据后,专家系统能够通过数据推导出事实或结论。其中一种应用场景就是医学诊断,医生输入病人体现出来的所有症状,计算机对病因进行诊断。然而,建立这类系统的早期尝试均以失败告终,根本原因是医学专家无法将他们了解的所有实际情况以完整、有逻辑的形式重现。

3.2.1 规则的举例

假设我们要建设一个处理家庭日常问题的专家系统。在与专家沟通后,我们编写了一长串规则,举例如下:

如果发生断电,那么所有电灯和家用电器都会停止工作。

如果保险丝熔断,那么所有电灯停止工作或者所有家用电器停止工作。

如果一个灯泡出现故障,那么一盏电灯停止工作。

如果一件家用电器出现故障,那么一件家用电器停止工作。

3.2.1

发生断电时，你应当等待。

保险丝熔断时，你应当修理保险丝。

一个灯泡出现故障时，你应当更换那个灯泡。

一件家用电器出现故障时，你应当修理那件家用电器。

与此同时，我们还要加入如下的常识性规则：

如果所有电灯停止工作，那么每一盏电灯停止工作。

如果所有家用电器停止工作，那么每一件家用电器停止工作。

如果所有电灯和家用电器停止工作，那么所有电灯停止工作。

如果所有电灯和家用电器停止工作，那么所有家用电器停止工作。

最初的专家系统将这些规则整理为数据，并将其变成程序的主要组成部分，最终计算机理解的可能如下所示：

如果问题是一盏电灯停止工作，那么询问是否所有电灯都停止了工作。如果其他电灯正常工作，那么告诉用户更换故障电灯的灯泡。如果其他电灯同样停止工作，那么询问家用电器是否工作。如果家用电器同样停止工作，那么告诉用户发生了断电，他们应该等待。否则告诉用户修理保险丝。

如果问题是一件家用电器停止工作，那么询问是否所有家用电器都停止了工作。如果其他家用电器正常工作，那么告诉用户修理出现故障的电器。如果其他家用电器同样停止工作，那么询问电灯是否工作。如果电灯同样停止工作，那么告诉用户发生了断电。他们应该等待。否则告诉用户修理保险丝。

就创建这类专家系统而言，这是十分有效的方式，但过于僵化。我们不能提出诸如“断电的表现有哪些”这类问题，同样，也不能轻易地对系统知识进行补充。假设系统创建完成的后一天，专家突然表示遗漏了一些信息，则需要补充如下新规则：

如果接地漏电，断路器跳闸，那么所有电灯和家用电器停止工作。

如果发生断电，那么同一条街上其他家庭的灯也不亮。

接地漏电，断路器跳闸时，你应当重置那个断路器。

现在我们需要回看系统，找到与电灯和家用电器停止工作对应的段落，在正确的地方插入用以解决接地漏电、断路器跳闸的新指令。这些改变十分复杂，并且极其容易出错。

除此之外，我们还可以独立于程序设置这些规则，再编写程序，从而利用这些规则搜索系统中的建议。程序会像人类一样通过提出假设再证明假设来进行具体操作。如果已知电灯停止工作，它会搜索所有可能导致这一情况发生的原因，也就是灯泡故障或所有电灯停止工作。为了验证后者，可以继续追问用户其他电灯的情况。如果其他电灯正常工作，那么就可以确定是灯泡故障，并建议用户进行更换。倘若我们必须改变一些程序，也可以在不触及程序的前提下完成。

事实上，同样的程序也可以适用于完全不同的其他规则，例如，诊断车辆故障，或者决定是否向银行客户提供贷款。

3.2.2 建立框架

3.2.2

对能够以“是”或“否”回答的逻辑问题，像上例一样编写出所有规则，就完全可以应对。但在面对更加复杂的问题时，则需要更加灵活的方案。如果想让聊天机器人有能力进行闲聊，就必须为其配置大量关于这个世界的背景知识。它需要了解各种事实，例如，天空是蓝色的，柠檬汁可以加入茶中饮用而橘子汁不行，这些都能通过框架得以实现。程序了解的每一个概念都有对应的框架，框架内包括大量的个体关系。例如，苏，27 岁，在医院工作。

在聊天机器人开始聊天之前，我们必须为其补充大量背景知识，但它自身也可以在谈话过程中不断接收新的信息。在与苏交谈的过程中，它会发现她的丈夫名叫杰克。随即它将为杰克建立一个新的框架，并在苏和杰克的框架之间标记二者的关系，表明他们已经结婚。程序可以确定杰克也是人类，所以建立他与人类框架之间的联系，然后，它就可以知道杰克有两条手臂和两条腿，因为这是人类的共性。当然，杰克可能刚巧做过截肢手术，这时程序就将这一情况认定为是它失礼了，而这恰恰也是人类可能会犯的错误。表示歉意后，程序就会在杰克的框架下进行标记，虽然人类正常情况下都有两条腿，但杰克只有一条腿。与人类交谈越多，程序自我学习的也越多。儿童可能需要十多年才能流畅地与人交流，但计算机的阅读速度超过所有人类，它所需要的一切知识都能在因特网中找到。

3.2.3 IBM 公司的沃森系统

3.2.3

2011 年，IBM 公司计算机沃森击败两名人类选手，赢得了智力竞赛电视节目《危险边缘》比赛的胜利(图 3-3)。它不仅能够理解用英语提出的问题，还能对一个从两百万页英语资料中提取出的数据库进行搜索，寻找正确答案。在理解问题后，沃森将搜索数据库信息，并判断一系列可能的答案。每一个答案又将经过成百上千种不同方式的验证来确定正确与否。

图 3-3　IBM 公司的计算机沃森

沃森曾利用往期节目中出现过的题目进行了好几个小时的训练和学习。根据学习经验,它按照正确的可能性对通过核查的答案进行分类。这与国际象棋程序测试不同,但沃森面对的不是虚拟的游戏和完美的数据,而是真实的世界和不完善的数据。

IBM 公司将沃森技术应用于客户关系、医疗保健和财政金融方面的产品中。该技术目前主要供医生和电话服务中心接线员使用,但以后会通过智能手机应用程序直接向公众开放。

对整理和存储知识来说,框架非常实用,但它却同样面临着困扰象棋程序的难题。为了让计算机能够就任何话题自由交谈,人们必须为其配置足够多的知识性信息,而这些信息所需的框架数目可能比合理时间内能找到的极限还要多。处理器的功率一直都在提升。计算机沃森的体积差不多是一间房子的大小,而现代工具的体积已经缩小到普通台式机的规模了。人类大脑其实是一个速度十分缓慢的处理器,信号在其中传递的时间约是 120m/s,而不是光速。如果让我们说出一个红色头发的人的名字,我们不会有意识地列举出所有认识的人,再回忆谁的头发是红色的。这就不禁让人开始思考:一定还有别的能够更有效地获取知识的途径。

计算机沃森无法与人交谈,它只能理解语言,能够理解问题和参考资料,它给出的答案十分精确,并且附带其对答案可信度的衡量。沃森还有进步的希望。有这么一个插曲,据说 IBM 公司已经禁止沃森再继续参考《城市词典》,因为它开始学会骂人了。

3.3 专家系统及其发展

总体来说,专家系统因其在计算机科学和现实世界中的贡献而被视为人工智能中最成功、最古老、最知名和最受欢迎的领域。

专家系统出现在 20 世纪 70 年代,当时整个人工智能领域正处在发展的低谷,人们置疑人工智能不能生成实时的、真实世界的工作系统。这个时期,由于人们在各个方面均不同程度地取得了一些重要成就,才使人们对人工智能又产生了一定的兴趣。

3.3.1 在自己的领域里作为专家

3.3.1

在一般问题领域,除了被称为专家的人类问题求解者以外,其他人的行为通常都是肤浅的。事实上,大多数人只有在自己的专业领域才是专家。因此,虽然国际象棋大师通过数十年的实践和研究,积累和建立起来约 50 000 种规则的模式,但他们不是创建生活中其他事物规则、方法的大师,对于数学博士、医生或律师来说也是如此。每个人都是处理自己领域信息的专家,但是这些技能不能确保他们能够处理一般信息或其他专业领域的特定、专门的知识。人们在掌握任何特定领域知识之前,需要长期的学习。

布雷迪指出,人类专家有多种方式来应对组合爆炸:“首先,结构化知识库。这样就可以让求解者在相对狭窄的语境中进行操作。其次,明确提出个人所应具有的知识,这些知识是关于专有领域知识的最好的利用方法,也就是所谓的元知识。因为知识表示的统一性,人们可以将问题求解者的全部能力都应用在元知识上,这种应用方式与人们将其应用于基础知识的方式完全相同，所以知识表示的统一性给人们带来了很大的回报。最后，人们试图利用似乎存在的冗余性。这种冗余性对人类求解问题和认知至关重要。虽然我们也可以用其他几种方式实现这一点，但是这些方法的利用大部分都受到了限制。通常情况下，人们可以明确一些条件，虽然这些条件没有一个能够唯一地确定解决方案，但是同时满足这些条件却可以得到唯一的方案。”

对于人类求解问题和认知中存在的冗余，布雷迪的真正意思可以用一个词来概括——模式。我们来看看在一个庞大的立体停车场(图 3-4)中寻找汽车的例子。

图 3-4 立体停车场

知道车在几层或哪个编号区域对快速地找到车有很大的作用。进一步说，有了位置(列、头、中间或列尾等)，车的特征(颜色、形状、风格等)以及将车停在停车场的哪个区域(接近某个建筑、出口、柱子、墙等)这些知识，对于快速地找到汽车有很大的帮助。例如，人们会使用以下 3 种截然不同的方法。

(1) 使用停车场管理方提供的信息(收据上的号码、停车牌以及停车场提供的其他信息)。通过这种方法，人们并没有使用任何智能，就像可以借助汽车的导航系统到达目的地一样，不需要对要去的地方有任何地理上的了解。

(2) 使用停车场管理方提供的信息以及有关汽车及其位置的某些模式的组合。例如，停车牌上显示车停在 7B 区，同时你也记得 7B 区距离目前的位置不是很远，自己的车是亮黄色的，并且尺寸比较大。因为一般没有很多大型的黄车，这就使得你的汽车很容易被发现(图 3-5)。

图 3-5 信息和模式可以帮助人们识别事物

(3) 不依赖任何具体的信息,而是完全依赖于记忆和模式这种模糊的方法。

上述这 3 种方法说明了人类在处理信息方面的优势。人类具有内置的随机访问和关联的机制。为了到第 3 层提车,我们不需要线性地从第 1 层探索到第 3 层;而机器人必须很明确地被告知跳过第 1 层和第 2 层。人们凭借记忆可以利用车辆本身的特征(约束),例如,车是黄色的、大型的、旧的,周围的车并不是很多。模式与信息的结合可以帮助人们减少搜索工作量(类似于上面提到的约束和元知识)。因此,如果我们知道车在某一层(停车牌上标明了),同时我们还记得我们是如何停放汽车的(停车时周围空车位很多还是很少),汽车周围有什么样的车,停车地点有什么其他显著的特征,等等,就可以比较快地找到自己的车。

3.3.2 技能获取的 5 个阶段

3.3.2

伯克利的哲学家兄弟胡伯特・德雷福斯和斯图尔特・德雷福斯提出了这样一个定律:在机器上,人们很难解释或发展人类的“专有技术”。虽然人们知道如何骑自行车、如何开车以及许多其他基本的事情(如走路、说话等),但是在解释如何实现这些动作时,我们的表现会大打折扣。德雷福斯兄弟将“知道什么事”与“知道如何做”区分开来。知道什么事指的是事实知识,例如遵循一套说明或步骤,但是这不等同于“知道如何做”。获得“专有技术”后,这就变成了隐藏在潜意识中的东西。人们需要通过实践来弥补记忆的不足。例如,你可能用 VCR 录制过电视节目。你学到了必要的步骤——可以从 VCR 上的按键直观地了解这些步骤,也知道电视应当被设置到特定的频道,可以理解和执行这些必需的步骤来录制电视节目(专有技术)。但是,这是很久以前的事了。当人们有了 DVD,系统已经改变了。因此,你可能不得不承认自己已经失去了如何录制电视节目的专有技术。

德雷福斯兄弟所讨论的专有技术基于以下前提:从新手到专家的过程中有 5 个技能获取阶段,即新手、熟手、胜任者、精通者、专家。

(1) 新手只会遵循规则,对任务领域没有连贯的了解。规则没有上下文,无须理解,只需要具备遵循规则的能力,就能完成任务。例如,在驾驶时,遵循一系列步骤到达某个地方。

(2) 熟手开始从经验中学到更多的知识,并能够使用上下文线索。例如,当学习用咖啡机制作咖啡时,熟手遵循说明书的规则,但是也能用嗅觉来判断咖啡何时准备好了。换句话说,在任务环境中,熟手可以通过其感知到的线索来学习。

(3) 胜任者不仅需要遵循规则,也需要对任务环境有明确的了解。他能够通过借鉴规则的层次结构做出决定,并且认识到模式(称为“一小部分因素”或“这些元素系列”)。胜任者可能是面向目标的,并且他们可能根据条件改变自己的行为。例如,胜任的驾驶员知道如何根据天气条件改变驾驶方式,包括速度、挡位、雨刷器、镜子等。此时,胜任者会发展出凭直觉感知的知识或专有技术。这个层次的执行者依然是凭借分析将要素结合起来,基于经验做出最好的决定。

(4) 精通者不仅能够认识到情况是什么及合适的选择是什么,还能够深思熟虑,找到最佳方式,实施解决方案。例如,医生知道患者的症状意味着什么,并且能够仔细考虑可能的治疗选项。

(5) 专家基于成熟的经验以及对实践的理解,面对各种问题一般都会知道该怎么做。应对环境时,专家非常超然。德雷福斯兄弟指出,人们在走路、谈话、开车或进行大多数社交活动时,通常不需要思考如何完成这些活动。因此,德雷福斯兄弟认为专家与他们所工作的环境或舞台融为一体。驾驶员不仅是在驾驶汽车,也是在"行驶";飞行员不仅是在开飞机,也是在"飞行";国际象棋大师不仅是在下棋,也是成为"一个充满机会、威胁、优势、弱点、希望和恐惧的世界"中的参与者。

德雷福斯兄弟进一步阐述:"当事情正常进行时,专家不解决问题,不做决定,正常地进行工作"。他们的主要观点是"精通者或专家级别的人以一种无法解释的方式,基于先前具体的经验做出判断"。他们认为"专家行为是非理性的",也就是说,他们没有通过有意识的分析和重组就开始行动。

德雷福斯兄弟认为,在许多方面,如视觉、解释、判断方面,包括人脑整体工作的方式,机器都比人脑差。没有这些能力,机器将永远比不上人类。虽然机器可能是优秀的符号操作器(逻辑机器或推理引擎),但是它们不能进行整体识别以及对一些类似的图片进行区分,而人类拥有这些能力。例如,在面部识别方面,机器无法捕获所有特征,而人类将会捕获到所有特征,无论这些特征是明确的还是隐藏的。

3.3.3 专家的特点与特征

3.3.3

格伦菲尔鲍讨论了这样一个事实,即专家具有一定的特点和技术,这使得他们能够在其问题领域表现出非常高的解决问题的水平。一个关键的杰出特征就是他们能出色地完成工作。要做到这一点,他们要能够完成如下任务。

(1) 解决问题。这是根本的能力,没有这种能力,专家就不能称为专家。

(2) 解释结果。专家必须能够以顾问的身份提供服务并解释其理由。因此,他们必须对任务领域有深刻的理解。专家了解基本原则,理解这些原则与现有问题的关系,并能够将这些原则应用到新的问题上。

(3) 学习。人类专家能够不断学习,从而提高自己的能力。在人工智能领域,人们希望机器能得到这些专有技能,学习也许是人类专有技能中最困难的一种技能。

(4) 重构知识。人可以改进他们的知识来适应新的问题环境,这是人的一个独特特征。在这个意义上,专家非常灵活并具有适应性。

(5) 打破规则。在某些情况下,例外才是规则。真正的专家知道其学科中的异常情况。例如,当药剂师为病人写处方时,他知道什么样的药剂或药物不能与先前的处方药物发生很好的相互作用(即"配伍禁忌")。

(6) 了解自己的局限。专家知道他们能做什么,不能做什么。他们不接受超出其能力的任务或远离其标准区域的任务。

(7) 平稳降级。在面对困难的问题时,专家不会崩溃。也就是说,他们不会"出现故障"。

下面是专家系统中的一些特征。

(1) 解决问题。专家系统当然有能力解决其领域中的问题。有时候,它们甚至能解决人类专家无法解决的问题,或提出人类专家没有考虑过的解决方案。

(2) 学习。虽然学习不是专家系统的主要特征,但是如果需要,人们可以通过改进知识库或推理引擎来帮助专家系统进行“学习”。机器学习是人工智能的另一个主题领域。

(3) 重构知识。虽然这种能力可能存在于专家系统中,但是本质上,它要求在知识表示方面做出改变,这对机器来说比较困难。

(4) 打破规则。对于机器而言,使用人类专家的方式打破规则比较困难;相反,机器会将新规则作为特例添加到现有规则中。

(5) 了解自己的局限。一般说来,当某个问题超出了其专长的领域时,专家系统和程序也许能够在因特网的帮助下参考其他程序找到解决方案。

(6) 平稳降级。专家系统一般会解释在哪里出了问题、试图确定什么内容以及已经确定了什么内容,而不是毫无反应甚至崩溃。

专家系统的其他典型特征如下。

(1) 推理引擎和知识库分离。这对于避免重复、保持程序的效率是非常重要的。

(2) 尽可能使用统一表示。太多的表示形式可能会导致组合爆炸。

(3) 保持简单的推理引擎。这样可以防止程序员陷入烦琐的推理过程,并且更容易确定哪些知识对系统性能至关重要。

(4) 利用冗余性。尽可能将多种相关信息汇集起来,以避免知识的不完整和不精确。

尽管专家系统有诸多优点,但也有一些众所周知的弱点。例如,虽然它们可能知道水在100℃沸腾,但是不知道沸水可以变成蒸汽,蒸汽可以驱动涡轮机。

3.3.4 建立专家系统要思考的问题

3.3.4

当人们考虑建立专家系统时,要思考的第一个问题是领域和问题是否合适。美国计算机科学家贾拉塔诺和赖利提出了人们在开始建立专家系统之前应该思考的一系列问题:

(1) “在这个领域,传统编程可以有效地解决问题吗?”如果答案为“是”,那么专家系统可能不是最佳选择。那些没有有效算法、结构不好的问题最适合构建专家系统。

(2) “领域的界限明确吗?”如果一个领域中的问题需要利用其他领域的专业知识,那么最好定义一个明确的领域。例如,比起宇航员对外层空间的了解,宇航员对任务的了解必须更多,如飞行技术、营养、计算机控制、电气系统等。

(3) “我们有使用专家系统的需求和愿望吗?”系统必须有用户(市场),专家本人也必须赞成创建系统。

(4) “是否至少有一个愿意合作的人类专家?”没有人类专家,肯定不可能创建专家系统。人类专家必须支持专家系统建设,必须意识到要进行必要的合作,投入大量的时间才能建设专家系统。

(5) “人类专家是否可以解释知识,以便知识工程师能够理解知识?”这是一个决定性的条件。两个人可以一起工作吗?人类专家是否可以足够清晰地解释其所使用的专业术语,是否可以让知识工程师理解这些术语并将它们转化为计算机代码?

(6) “解决问题的知识主要是启发式的并且不确定吗?”基于知识和经验以及上面描述的专有技术,这样的领域特别适合采用专家系统。

专家系统偏重处理不确定和不精确的知识。也就是说，它们可能在一部分时间内正确工作，并且输入数据可能不正确、不完整、不一致或有其他缺陷。有时，专家系统甚至只是给出一些答案——甚至不是最佳答案。他们注意到，虽然起初这看起来可能让人惊讶，也许令人不安，但是通过进一步的思考就会理解，这种表现与专家系统的概念是一致的。

迄今为止，人们建立了数千个专家系统，其涵盖的主要领域包括农学、环境、气象学、商业、金融、军事、认证、地理、矿业、化学、图像处理、能源、通信、信息管理、科学、计算机系统、法律、安全、教育、制造业、空间技术、电子、数学、交通、工程、医药。

建设这些专家系统的目的如下：

- 分析。给定数据，确定问题的原因。
- 控制。确保系统和硬件按照规则运行。
- 设计。在某些约束下配置系统。
- 诊断。能够推断系统故障。
- 指导。分析错误并提供建议性。
- 解释。从数据推断出情景描述。
- 监视。将观察值与预期值进行比较。
- 计划。根据条件设计动作。
- 预测。对于给定情况，预测可能的后果。
- 规定。针对系统故障推荐解决方案。
- 选择。从多种可能性中确定最佳选择。
- 模拟。模拟系统组件之间的交互。

3.3.5　典型的专家系统——ADIS

3.3.5

几十年来，人们建成了很多具有数以千计的规则的专家系统，这些系统集成了经过测试的方法(包括数据库、数据挖掘和机器学习)来处理大量特定领域的数据。人们在多个领域(如语言/自然语言理解、机器人学、医学诊断、工业设备故障诊断、教育、评估和信息检索等)的专家系统中采用了混合智能方法。

在司法取证中，能够快速、准确地识别牙齿是非常重要的，图3-6展示了牙科办公室内景。由于数据庞大，特别是在战争、自然灾害和恐怖袭击等大规模灾难的善后处理中，自动识别牙齿是必要的，也是非常有用的。

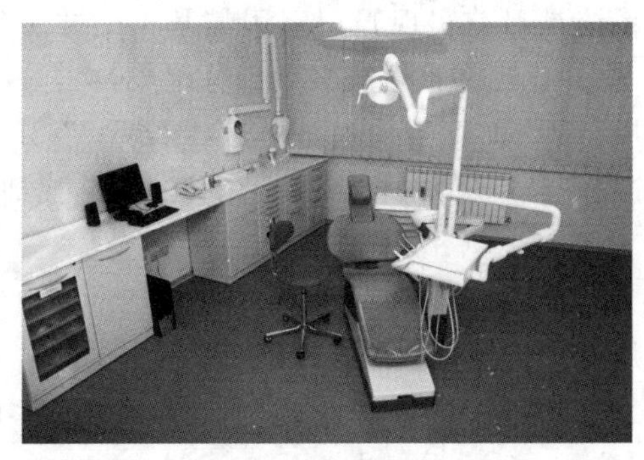

图3-6　牙科

1997年,美国联邦调查局的刑事司法信息服务部门成立了牙科工作组,以促进创建自动牙齿识别系统(Automatic Dental Identification System,ADIS)。ADIS的目的是为牙齿的数字化X光片和摄影图像提供自动搜索和匹配功能,这样就可以为取证机构提供候选清单。

ADIS的系统架构背后的理念是:首先利用高级特征快速检索候选人名单,其次利用潜在匹配搜索组件使用这张清单进行潜在匹配搜索,最后使用低级的图像特征筛选匹配清单并优化候选清单。因此,系统架构包括记录预处理组件、潜在匹配搜索组件和图像比较组件。其中,记录预处理组件处理以下5个任务:

(1)记录种植牙胶片。

(2)加强胶片,调整对比度。

(3)对胶片进行分类,分成咬翼视图、根尖周视图和全景视图。

(4)对胶片中的牙齿进行分隔。

(5)在对应的位置进行标记,注明牙齿位置。

ADIS有3种操作模式:配置模式、识别模式和维护模式。配置模式用于微调;客户使用识别模式获取其提交记录的匹配信息;维护模式用于上传新参考记录到数据库服务器,并且能够对预处理服务器进行更新。如今,该系统已经达到了85%的准确率。

在定义明确的领域中存在着大量人类的专业技能和知识,但这些知识主要是启发式的并且具有不确定性,这样的领域使用专家系统最理想。虽然专家系统的表现方式不一定与人类专家的表现方式相同,但构建专家系统的前提是,它们能以某种方式模仿或通过建模来实现人类专家求解问题和做出决定的技能。将专家系统与一般程序区分开来的一个重要特征是前者通常包括一个解释装置。专家系统将尝试解释如何得出结论,换句话说,它们将尝试解释用什么样的推理链来得出结论。

3.4 专家系统的结构

专家系统通常由人机交互界面、知识获取模块、推理机、解释器、知识库、综合数据库6个部分构成(图3-7)。专家系统以知识库与推理机相互分离为特色。专家系统的体系结构随专家系统的类型、功能和规模的不同而有所差异。

3.4.0

基于规则的产生式系统是目前实现知识运用最基本的方法。产生式系统主要由综合数据库、知识库和推理机3个部分组成,综合数据库包含求解问题的事实和断言。知识库包含所有用"如果:〈前提〉,于是:〈结果〉"(If-Then规则)形式表达的知识规则。推理机(又称规则解释器)的任务是运用控制策略找到可以应用的规则。

3.4.1 知识库

为了使计算机能利用专家的领域知识,必须采用一定的方式表示知识。常用的知识表示方式有产生式规则、语义网络、框架、状态空间、逻辑模式、脚本、过程等。

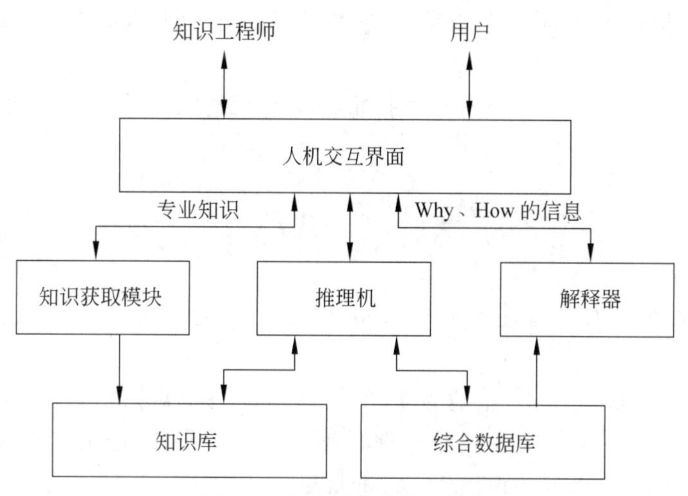

图 3-7 专家系统的基本结构

知识库用来存放专家提供的知识。专家系统通过知识库中的知识来模拟专家的思维方式,因此,知识库是专家系统质量的关键,即知识库中知识的质量和数量决定了专家系统的水平,也是专家系统设计的关键问题。一般来说,专家系统中的知识库与专家系统程序是相互独立的,用户可以通过改变、完善知识库中的知识内容来提高专家系统的性能。通过知识获取,可以扩充和修改知识库中的内容,也可以实现自动学习功能。

3.4.2 推理机

推理机针对当前问题的条件或已知信息,反复匹配知识库中的规则,获得新的结论,以得到问题求解结果。在这里,推理可以有正向链和逆向链两种策略。

正向链的策略是找出前提可以同数据库中的事实或断言相匹配的规则,并运用冲突消除策略,从这些规则中挑选一个执行,从而改变原来数据库的内容。这样反复地进行寻找,直到数据库中的事实与目标一致,即找到解答;或者直到没有规则可以与之匹配时才停止。

逆向链的策略是从选定的目标出发,寻找执行后果可以达到目标的规则。如果这条规则的前提与数据库中的事实相匹配,问题就得到解决;否则把这条规则的前提作为新的子目标,并从新的子目标出发,寻找可以运用的规则……直到最后运用的规则的前提可以与数据库中的事实相匹配,即找到解答;或者直到没有规则可以应用时,系统便以对话形式请求用户回答并输入必需的事实。

可见,推理机就如同专家解决问题的思维方式,知识库是通过推理机来实现其价值的。

3.4.3 其他部分

人机交互界面是系统与用户进行交流时的界面。通过该界面,用户输入基本信息,回答系统提出的相关问题,系统输出推理结果及相关的解释等。

解释器能够根据用户的提问，对结论、求解过程做出说明，因而使专家系统更具有“人情味”。

综合数据库专门用于存储推理过程中所需的原始数据、中间结果和最终结论，往往作为暂时的存储区。

【作　　业】

1. 最初尝试创建人工智能的研究人员曾经认为，建立专家系统所需要的不过是(　　)而已。

A. 少量的规则　B. 精确的算法　C. 足够的规则　D. 模糊的算法

2. 计算机在编程后能够运行的第一批游戏都是具备制胜策略的。例如，“21 点”游戏的制胜策略就是确保自己成为说出(　　)的玩家。

A. 20　B. 21　C. 18　D. 19

3. 如果不存在制胜策略，计算机就会寻找能够实现的最优方案。所谓极大极小化策略，就是在我们的回合争取获得(　　)利益，在对手回合则考虑(　　)利益。

A. 最小化，最大化　B. 最大化，最小化

C. 最小化，最小化　D. 最大化，最大化

4. 人们设想，在利用规则推导建立的医学诊断专家系统中，在用户输入一系列数据后，能够通过数据推导出对病因的诊断。但建立这类系统的前期尝试均以失败告终，原因归根结底还是因为缺乏(　　)。

A. 金钱　B. 物质资源　C. 人手　D. 知识

5. 总体来说，专家系统因其在计算机科学和现实世界中的贡献而被视为人工智能中最成功、(　　)、最知名和最受欢迎的领域。

A. 最古老　B. 最年轻　C. 最专一　D. 最简单

6. 专家系统出现在 20 世纪 70 年代，当时整个人工智能领域正处在发展的(　　)。

A. 高潮　B. 第三阶段　C. 低谷　D. 爆发时期

7. 事实上，大多数人(　　)专家，这与早期的人类观点相反。

A. 都可以成为　B. 可以在各个领域成为

C. 无师自通地成为　D. 只在自己的专业领域才是

8. 国际象棋大师(　　)创建生活中其他事物规则、方法的大师，对于数学博士、医生或律师来说也是如此。

A. 大部分是　B. 基本不是　C. 通常都是　D. 没有可能成为

9. 我们知道的是，人们在掌握任何特定领域知识之前，(　　)。

A. 需要长期的学习　B. 通常都是天才

C. 只要勤奋工作就行　D. 只要生活幸福就行

10. 德雷福斯兄弟认为，专有技术基于以下前提：从新手到专家的过程中有 5 个技能获取阶段，即新手、熟手、(　　)、精通者、专家。

A. 能手　　B. 高人　　C. 胜任者　　D. 行家

11. 德雷福斯兄弟认为，在许多方面，如视觉、解释判断方面，包括(　　)，机器都比人脑差。没有这些能力，机器将永远比不上人类。

A. 图像显示质量　　B. 人脑整体工作的方式
C. 声音展现的音色　　D. 运算速度与精度

12. 专家的一个关键的杰出特征就是他们能出色地完成工作。要做到这一点，他们要能够完成如下工作，除了(　　)。

A. 转述问题　　B. 解决问题　　C. 解释结果　　D. 学习

13. 在人工智能领域，人们希望机器能得到专有技能，而(　　)也许是人类专有技能中最困难的一种技能。

A. 运算　　B. 学习　　C. 显示　　D. 智能

14. 当人们考虑建立专家系统时，思考的第一个问题是(　　)是否合适。

A. 费用和收益　　B. 领域和问题
C. 形象和成果　　D. 时间和进度

15. 与其他人工智能系统不同，专家系统偏重处理(　　)的知识。

A. 确定但不精确　　B. 不确定但一定精确
C. 不确定和不精确　　D. 确定并且精确

【研究性学习】 无人机技术的应用前景

小组活动：讨论无人机技术的应用前景。

记录：请记录小组讨论的主要观点，推选代表在课堂上简单阐述你们的观点。

评分规则：若小组汇报得5分，则小组汇报代表得5分，其余同学得4分，以此类推。

____

____

____

____

____

实训评价(教师)：______________________________

____

模糊逻辑与大数据思维

4.1 什么是模糊逻辑

计算机的二进制逻辑通常只有两种状态,要么是真要么是假,然而,现实生活中却很少有这样非此即彼的情况。一个人如果不饿不一定就是不想吃东西,有点饿和饿得昏头不是一回事,有点冷比冻僵了在程度上也要轻得多。如果将含义的所有层次都纳入考虑范畴,那么写入计算机程序的规则将会变得过于复杂难懂。

4.1.1 甲虫机器人的规则

4.1.1

昆虫有许多可以帮助其应对不同环境的本能。它可能倾向于远离光线,隐藏在树叶和岩石下,这样不容易被捕食者发现。然而,它也会朝食物移动,否则就会饿死。如果要制作一个甲虫机器人,就可以赋予其如下规则:

如果光线亮度高于50%,食物质量低于50%,那么远离,否则接近。

如果光线亮度和食物质量的值与上述规则中的条件有一定的偏离会怎么样?吃饱了的昆虫会为了保证安全继续藏匿在黑暗中,而饥饿的昆虫就会冒险接近食物。光线越亮,越危险;食物质量越高,昆虫越倾向于冒险。可以根据这一情况制定更多的规则,例如:

如果饥饿程度和光线亮度高于75%,食物质量低于25%,那么远离,否则接近。

但是这些规则都无法很好把握与边界值略有偏差的情况。例如,如果光线为76%,食物质量为24%,甲虫机器人就会饿死,虽然这种情况仅仅与设置的规则相差1%。当然,也可以设置更多规则来应对边界值和特殊情况,但这样的操作很快就会把程序变得无法理解。可是,在不让其变复杂的前提下,怎么才能够处理所有情况呢?

4.1.2 模糊逻辑的发明

假设我们经营了一家婚姻介绍所。一个女性客户的要求是找一个高个子但不富有的男子。我们的记录中有一名男子,身高1.78m,年收入是全国平均水平的两倍。应该将这名男子介绍给客户吗?如何判断什么是个子高?什么是富有?怎样对资料库中的男子进行打分以找到最符合客户要求的对象?身高和年收入之间不能简单加减,就像苹果和橙子不能混为一谈一样。

模糊逻辑(fuzzy logic)的提出就是为了解决这类问题。在常规逻辑中,上述规则的情况只有两种,不是真就是假,即不是1就是0,要么有光要么没有光,要么高要么不高。而在模糊逻辑中,每一个情况的真值可以是0～1之间的任何值。假定身高超过2m的男子是绝对的高个子,身高低于1.7m的男子为不高,那么可以将1.78m高的男子的"高的程序"记为0.55,既不是特别高也不是特别矮。要计算他"不高的程度",用1减去他"高的程度"即可。因此,该男子"高的程度"是0.55,也就是"不高的程度"是0.45。

同样可以对"矮"的范畴进行界定。身高低于1.6m是绝对的矮个子,身高超过1.75m为不矮。由此可以发现"高"和"矮"的定义有一部分是重叠的,也就意味着处于中间值的人在某种程度上来说是高个子,而在另一种程度上来说是矮个子。"矮"和"不高"是两个概念,"高""矮""不高""不矮"对应的值都是不同的。

类似地,也可以说他的"富有程度"是0.2,也就是他的"不富有程度"是0.8。女性客户的要求是"高 AND 不富有",所以需要计算 0.55 AND 0.8,根据具体的计算规则,结果是0.44。通过检索所有男子的数据找到得分最高者,就可以将他介绍给客户了。

在模糊逻辑中进行 AND 与 OR 运算时计算方法需要具体规定,应当根据数字所起的作用决定。本例中的 AND 计算是将两个数字相乘。另一种计算规则是选择二者中的较小值。然而,如果采取这样的方式,较大的值将不影响结果。例如,同样身高的男子,一个的"不富有程度"是0.5,另一个的"不富有程度"是0.8,其 AND 运算的结果都是一样的。

同样,也可以为甲虫机器人设置规则,如果饥饿并且光线不太亮,那么就朝食物进发。这些例子展示了可以利用模糊逻辑解决的问题类型。

4.1.3 制定模糊逻辑的规则

4.1.3

专家系统是利用人类专长建立起来的,可以提供程序使用的明确规则。系统可能会说"如果温度高于95℃的时间超过2min,或是高于97℃的时间超过1min,那么可以断定恒温器损坏"。但是更多情况下它们会说"如果温度过高的情况持续太久,那么恒温器可能已经损坏"。这时需要由程序员负责填写具体数字。而利用模糊逻辑,则完全可以制定与专家所言一致的规则。例如,规则如下:

如果温度过高并且温度过高的时间过长,那么恒温器已经损坏。

程序将对"恒温器已经损坏"这一命题进行赋值,取值为0～1。如果温度只是稍微偏高并且没有持续太长时间,那么命题真值可能约为0.1,即不太可能。而其他规则得出的值可能更高。例如,假设另一条规则判定"输入冷却器损坏"的真值为0.95,那么程序将报告造成故障最有可能的原因就是输入冷却器损坏,这些数据被称作可能性。与概率不同,0.1并不意味着恒温器有10%的概率已经损坏。"高的程度"为0.55也只代表一个人个子高的可能性,这仅仅是衡量可能性的一种方式。类似地,如果是10%则肯定恒温器损坏,如果是95%则肯定问题出在输入冷却器上。

银行用于决定是否应该向客户提供贷款专家系统可能更加复杂,其规则如下:

如果薪水高并且工作稳定性高,那么风险低。

如果薪水低或者工作稳定性低，那么风险中等。

如果信用评分低，那么风险高。

这一部分程序可能得出以下数据：

风险低＝0.1

风险中等＝0.3

风险高＝0.7

利用算法，这3个数据可以转化为评估风险的单个数字，这一过程被称为去模糊化。从上述数据可以看出这笔借贷业务的风险程度可能为中等偏上。

模糊逻辑的另一个用途就是控制机械装置。例如，控制供暖系统的部分规则如下：

如果温度高，那么停止供暖。

如果温度非常低，那么加强供暖。

如果温度低并且升温慢，那么加强供暖。

如果温度低并且升温快，那么中等供暖。

如果温度稍微偏低并且升温慢，那么中等供暖。

如果温度稍微偏低并且升温快，那么停止供暖。

运行上述所有规则后，可以得到停止供暖、中等供暖以及加强供暖的可能性。将这些可能性转化为单个数据后，就可以相应地设置加热器了。

模糊控制系统管控设备状态，并生成控制信号不断调整设备的运转以维持理想状态。在设备非线性的情况下，某种控制可能在设备处于不同状态时产生不同影响，而模糊控制系统的优势在此时就能得以展现。

4.1.4 模糊逻辑的定义

4.1.4

模糊逻辑是建立在多值逻辑的基础上，运用模糊集合的方法来研究模糊性思维、语言形式及其规律的科学。

模糊逻辑模仿人脑的不确定性概念判断、推理思维方式，对于模型未知或不能确定的描述系统等，应用模糊集合和模糊规则进行推理，表达过渡性界限或定性知识经验，模拟人脑方式，实行模糊综合判断，通过推理解决常规方法难于对付的规则型模糊信息问题。模糊逻辑善于表达界限不清晰的定性知识与经验，它区分模糊集合，处理模糊关系，模拟人脑实施规则型推理，以解决种种不确定问题。

模糊逻辑得到广泛应用的原因有两点。首先，它运作良好，是转化人类专长为自动化系统的有效途径。利用模糊逻辑建立的专家系统和控制程序能够解决利用数学计算和常规逻辑系统难以解决的问题。其次，模糊逻辑与人类思维运作模式十分匹配。它能够成功吸收人类专长，因为专家的表达方式恰好与模糊逻辑向程序注入信息的模式相符。模糊逻辑以重叠的模糊类别表达世界，这也正是人类思考的方式。

可以看到，传统的人工智能依赖于一些“清晰”的规则，这种“清晰”的规则给出的结果往往是很详细的，例如一个具体的房价预测值。而模糊逻辑可以模拟人的思考方式，对预测的房价值会给出类似于高了还是低了的结果。

到目前为止，我们已经谈了不少创建人工智能的途径，都是依赖程序员以不同形式编写的系列规则。程序员能够参与不同领域程序的编写，归根结底还是依赖规则的执行。这些规则的存在也正是为了以人类理解的思考过程建立“思考”程序。

4.2 模糊理论的发展

1965年，美国加利福尼亚大学自动控制理论专家查德在*Fuzzy Set*、*Fuzzy Algorithm*和*A Rationale for Fuzzy Control*等论著中首先提出了模糊集合(fuzzy set)的概念，标志着模糊数学的诞生。原有的建立在二值逻辑基础上的逻辑与数学方法难以描述和处理现实世界中许多模糊性对象。模糊数学与模糊逻辑实质上是要对模糊性对象进行精确的描述和处理。

4.2.0

利用模糊集合可将人的判断、思维过程用比较简单的数学形式直接表达出来，从而使对复杂系统进行合乎实际的、符合人类思维方式的处理成为可能，为经典模糊控制器的形成奠定基础。1974年，英国人马丹尼使用模糊控制语言制造的控制器、控制锅炉和蒸汽机取得了良好的效果。他的实验研究标志着模糊控制的诞生。

查德为了建立模糊性对象的数学模型，把只取0和1两个值的普通集合概念推广为在[0,1]区间上取无穷多个值的模糊集合概念，并用“隶属度”这一概念来精确地刻画元素与模糊集合之间的关系。正因为模糊集合是以连续的无穷多个值为依据的，所以，模糊逻辑可看作运用包含无穷多个连续值的模糊集合去研究模糊性对象的科学。把模糊数学的一些基本概念和方法运用到逻辑领域中，产生了模糊逻辑变量、模糊逻辑函数等基本概念。对于模糊联结词与模糊真值表也作了相应的对比研究。查德还开展了模糊假言推理等似然推理的研究，有些成果已直接应用于模糊控制器的研制。

创立和研究模糊逻辑的主要意义如下：

(1) 运用模糊逻辑变量、模糊逻辑函数和似然推理等新思想、新理论，为寻找解决模糊性问题的突破口奠定了理论基础，从逻辑思想上为研究模糊性对象指明了方向。

(2) 模糊逻辑在原有的布尔代数、二值逻辑等数学和逻辑工具难以描述和处理的自动控制过程、疑难病症的诊断、大系统的研究等方面都有独到之处。

(3) 模糊逻辑在方法论上为人类从精确性到模糊性、从确定性到不确定性的研究提供了正确的研究方法。此外，在数学基础研究方面，模糊逻辑有助于解决某些悖论。对辩证逻辑的研究也会产生深远的影响。

当然，模糊逻辑理论本身还有待进一步系统化、完整化、规范化。

近年来，对于经典模糊控制系统稳态性能的改善，模糊集成控制、模糊自适应控制、专家模糊控制与多变量模糊控制的研究，特别是针对复杂系统的自学习与参数(或规则)自调整模糊系统方面的研究，受到各国学者的特殊重视。将神经网络和模糊控制技术相互结合，取长补短，形成模糊神经网络技术，由此组成一个更接近人脑的智能信息处理系统，其发展前景十分诱人。

4.3 模糊逻辑系统

模糊逻辑系统(fuzzy logic system)是指利用模糊概念和模糊逻辑构成的系统。当它被用来充当控制器时，就称为模糊逻辑控制器(fuzzy logic controller)。由于在选择模糊概念和模糊逻辑上的随意性，可以构造出多种多样的模糊逻辑系统。最常见的模糊逻辑系统有3类：纯模糊逻辑系统、高木-关野模糊逻辑系统和具有模糊产生器以及模糊消除器的模糊逻辑系统。

4.3.0

4.3.1 纯模糊逻辑系统

纯模糊逻辑系统是其他类型的模糊逻辑系统的核心部分，它提供了一种量化语言信息和在模糊逻辑原则下利用这类语言信息的一般化模式，其结构如图4-1所示。

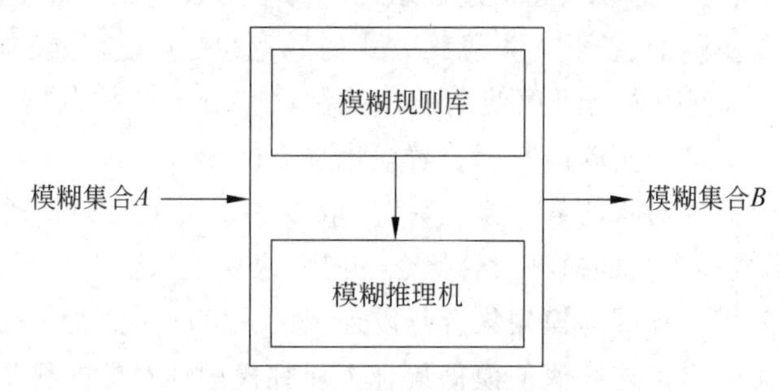

图4-1 纯模糊逻辑系统结构

纯模糊逻辑系统也可以解释为一个映射关系，图4-1的中间部分具有类似于线性变换中的变换矩阵的映射功能。纯模糊逻辑系统的缺点在于它的输入和输出均为模糊集合，这不利于工程应用。但是，它为其他具有应用价值的模糊逻辑系统提供了一个基本的样板，由此出发可以构造出其他具有实用性的模糊逻辑系统。

4.3.2 高木-关野模糊逻辑系统

高木-关野模糊逻辑系统(Takaji-Sugeno fuzzy logic system，T-S模糊逻辑系统)是将纯模糊逻辑系统中的每一条模糊规则的后件(即THEN以后的部分)加以定量化后形成的，也就是说，在T-S模糊逻辑系统的模糊规则中，前件是迷糊的，后件是确定的。这种模糊逻辑系统已经在许多实际问题中得到成功的应用，它的优点是模糊逻辑系统的输出为精确值，其中的参数也可以用参数估计、适应机构等方法加以确定。但是，由于模糊规则后件的确定性，T-S模糊逻辑系统不能方便地利用更多的语言信息和模糊原则，限制了其应用的灵活性。

4.3.3 具有模糊产生器及模糊消除器的模糊逻辑系统

具有模糊产生器及模糊消除器的模糊逻辑系统的结构如图4-2所示。它是把纯模糊逻辑系统的输入端和输出端分别接上模糊产生器和模糊消除器后构成的。

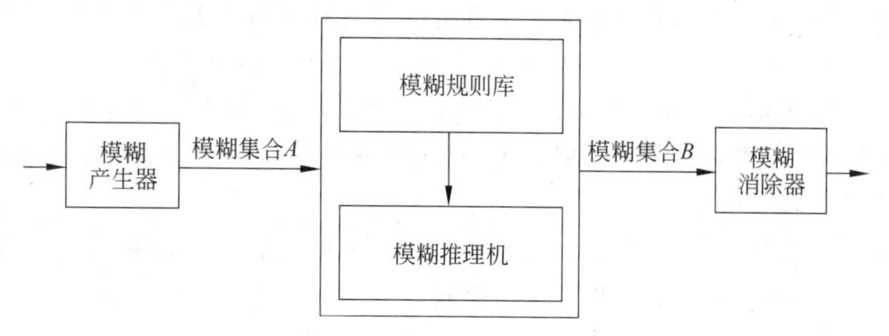

图 4-2 具有模糊产生器及模糊消除器的模糊逻辑系统结构

具有模糊产生器及模糊消除器的模糊逻辑系统具有以下显著优点：

(1) 这种模糊逻辑系统提供了一种描述领域专家知识的模糊规则的一般化方法。

(2) 领域应用者在设计其中的模糊产生器、模糊推理机和模糊消除器时具有很大的自由度，因此可以根据实际情况找到一个最适合的模糊逻辑系统。

(3) 其输入和输出均为精确值，因此适合在工程领域中应用。

这类模糊逻辑系统是由英国学者马丹尼首先提出的，已经在许多工业过程和商业产品中得到成功应用，例如，用在电冰箱、电饭锅、洗衣机、空调等家用电器的自动控制中，在洗衣机中感知装载量和清洁剂浓度并据此调整它们的洗涤周期，同时还广泛应用在游戏的开发中。

4.4 大数据思维变革

大数据是人工智能的基础。在人工智能时代，数据处理变得更加容易和快速，而大数据的价值全在于发现和理解信息内容及信息与信息之间的关系，其精髓是分析信息时的3个思维转变，这3个转变相互联系和相互作用。

4.4.1 思维转变之一：样本＝总体

4.4.1

很长时间以来，因为记录、存储和分析数据的工具不够好，为了让分析变得简单，当面临大量数据时，通常都依赖于采样分析。但是采样分析是信息匮乏时代和信息流通受限制的模拟数据时代的产物。如今信息技术的条件已经有了非常大的提高，虽然人类可以处理的数据依然是有限的，但是可以处理的数据量已经大大地增加了，而且未来会越来越多。

大数据时代的第一个转变是要分析与某事物相关的所有数据，而不是分析少量的数据样本。

采样的目的是用最少的数据得到尽可能多的信息，而当人们可以处理海量数据的时候，采样就没有什么意义了。如今，计算和制表已经不再困难，感应器、手机导航App、网站和微信等被动地收集了大量数据，而计算机可以轻易地对这些数据进行处理。但是，数据处理技术已经发生了翻天覆地的改变，而人们的方法和思维却没有跟上这种改变。

在很多领域，从收集部分数据到收集尽可能多的数据的转变已经发生。如果可能，应该收集所有的数据，即“样本＝总体”，这样就能对数据进行深度探索。

谷歌流感趋势预测不依赖于随机样本，而是分析了全美国几十亿条互联网检索记录。分析整个数据库，而不是对一个小样本进行分析，能够提高微观层面分析的准确性，甚至能够推测出某个特定城市的流感状况。

通过使用所有的数据，可以发现隐藏在大量数据中的信息。例如，信用卡诈骗是通过观察异常情况来识别的，只有掌握了所有的数据才能做到这一点。在这种情况下，异常值是最有用的信息，分析者可以把它与正常交易情况进行对比。而且，因为交易是即时的，所以数据分析也应该是即时的。

因为大数据是建立在掌握所有数据，至少是尽可能多的数据的基础上的，所以就可以正确地考察细节并进行新的分析。在任何细微的层面，都可以用大数据去论证新的假设。当然，有些时候还是可以使用样本分析法，毕竟现在仍然是一个资源有限的时代。但是更多时候，利用手中掌握的所有数据成为最好也是可行的选择。于是，慢慢地，人们会完全抛弃样本分析。

4.4.2 思维转变之二：接受数据的混杂性

4.4.2

当人们测量事物的能力受限时，关注最重要的事情和获取最精确的结果是可取的。直到今天，数字技术依然建立在精准的基础上。只要电子数据表格对数据进行排序，数据库引擎就可以找出和检索内容完全一致的记录。这种思维方式适用于掌握小数据量的情况，因为需要分析的数据很少，所以必须尽可能精准地量化记录。在某些方面，人们已经意识到了大数据和“小数据”的差别。例如，一个小商店在晚上打烊的时候要把收银台里的每一分钱都数清楚，但是人们不会、也不可能用“分”这个单位去精确度量国民生产总值。随着数据规模的扩大，对精确度的依赖将减弱。

针对小数据量和特定事物，追求精确性依然是可行的，例如一个人的银行账户上是否有足够的钱开具支票，数据必须精确。但是，在大数据时代，很多时候追求精确度已经变得不可行，甚至不受欢迎了。大数据纷繁多样，优劣掺杂，分布在全球多个服务器上。拥有了大数据，人们不再需要对一个现象刨根究底，只要掌握大体的发展方向即可。当然，并不是完全放弃精确度，只是不再过度依赖它。适当忽略微观层面上的精确度会让人们在宏观层面拥有更好的洞察力。

大数据时代的第二个转变是人们乐于接受数据的纷繁复杂，而不再一味追求其精确性。

在越来越多的情况下，使用所有可获取的数据变得更为可能，但为此也要付出一定的代价。数据量的大幅增加会造成结果的不准确，与此同时，一些错误的数据也会混进数据库。然而，人们能够努力避免这些问题。

大数据在多大程度上优于算法，这个问题在自然语言处理上表现得很明显。2000年，微软研究中心的米歇尔·班科和埃里克·布里尔一直在寻求改进 Word 程序中语法检查的方法。但是他们不能确定是努力改进现有的算法、研发新的算法还是向现有算法中添加更多的数据更有效。所以，实施这些措施之前，他们决定向现有的算法中添加更多的数据，看看会有什么变化。很多对计算机学习算法的研究都建立在百万字规模的语料库基础上。最后，他们决定向4种常见的算法中逐渐添加数据，先是1000万字，再到1亿字，最后到10亿字。

结果令人吃惊。他们发现，随着数据的增多，4种算法的表现都大幅提高了。当数据只有500万字的时候，有一种简单的算法表现得很差，但当数据达到10亿字的时候，它变成了表现最好的算法，准确率从原来的75%提高到95%以上。而在少量数据情况下运行得最好的算法，当为其加入更多的数据时，尽管它也会像其他的算法一样准确率有所提高，但是却变成了在大量数据条件下运行得最不好的，它的准确率从86%提高到94%。

后来，班科和布里尔在他们发表的研究论文中写道："如此一来，我们得重新衡量一下更多的人力物力是应该消耗在算法发展上还是在语料库发展上。"

4.4.3 思维转变之三：关注数据的相关关系

4.4.3

这个转变是前两个转变促成的。寻找因果关系是人类长久以来的习惯，即使确定因果关系很困难而且用途不大，人类还是习惯性地寻找原因。相反，在大数据时代，人们无须再紧盯事物之间的因果关系，而应该寻找事物之间的相关关系，这会给人们提供非常新颖且有价值的观点。相关关系也许不能准确地告知人们某件事情为何会发生，但是它会提醒人们这件事情正在发生。在许多情况下，这种提醒的帮助已经足够大了。在很多时候，寻找数据间的关联并利用这种关联就足够了。这些思想上的重大转变导致了第三个转变。

大数据时代的第三个转变是人们尝试着不再探求难以捉摸的因果关系，转而关注事物的相关关系。

例如，如果数百万条电子医疗记录都显示橙汁和阿司匹林的特定组合可以治疗癌症，那么找出具体的药理机制就没有关注这种治疗方法的实际效果来得重要。同样，只要人们知道什么时候是买机票的最佳时机，就算不知道机票价格疯狂变动的原因也无所谓。大数据告诉人们"是什么"而不是"为什么"。在大数据时代，人们不必知道现象背后的原因，只需要让数据自己发声。人们不再需要在还没有收集数据之前就把分析建立在早已设立的少量假设的基础之上。让数据发声，人们就会注意到很多以前从来没有意识到的联系的存在。

与常识相反，经常凭借直觉而来的因果关系并没有帮助人们加深对这个世界的理解。很多时候，这种认知捷径只是给了人们一种"自己已经理解了"的错觉，但实际上，人们因此往往完全陷入了理解误区之中。就像采样是人们无法处理全部数据时的捷径一样，这种寻找因果关系的方法也是大脑用来避免辛苦思考的捷径。

不同于因果关系，证明相关关系的实验耗资少，费时也少。分析相关关系，既可以用数学方法，也可以用统计学方法，同时，数字工具也能帮助人们准确地找出相关关系。

相关关系分析本身意义重大，同时它也为研究因果关系奠定了基础。通过找出可能相关的事物，就可以在此基础上进一步进行因果关系分析。如果存在因果关系，再进一步找出原因。这种便捷的机制通过实验降低了因果分析的成本。人们也可以从相互联系中找到一些重要的变量,这些变量可以用到验证因果关系的实验中去。

相关关系很有用,不仅是因为它能为我们提供新的视角,而且它提供的视角都很清晰。而一旦把因果关系考虑进来,这些视角就有可能被蒙蔽。

例如,Kaggle 是一家为所有人提供数据挖掘竞赛平台的公司。二手车经销商在 Kaggle 上举办过一次关于二手车(图 4-3)的质量竞赛。经销商提供了参加竞赛的二手车数据,统计学家用这些数据建立一个算法系统来预测经销商销售的哪些车有可能出现质量问题。相关关系分析表明,橙色的车有质量问题的可能性只有其他车的一半。

图 4-3　二手车

很多人读到这里的时候,不禁会思考其中的原因。是因为橙色车的车主更爱车,所以车被保护得更好吗?是这种颜色的车子在制造方面更精良些吗?还是因为橙色的车更显眼,出车祸的概率更小,所以转手的时候各方面的性能保持得更好?

这样,我们就陷入各种各样谜一样的假设中。若要找出相关关系,可以用数学方法;但如果是因果关系,这却是行不通的。其实,不一定要找出相关关系背后的原因,当我们知道了“是什么”的时候,“为什么”就没有那么重要了,否则就会催生一些滑稽的想法。例如,对于上面提到的例子,是不是应该建议车主把车漆成橙色呢?毕竟这样似乎对保持车的质量更有利啊!

如果把以确凿数据为基础的相关关系和通过快速思维构想出的因果关系相比,前者就更具有说服力。但在越来越多的情况下,快速的相关关系分析甚至比慢速的因果分析更有用和更有效。慢速的因果分析要通过严格控制的实验来验证,而这必然是非常耗时耗力的。

近年来,科学家一直在试图减少因果关系验证实验的花费,例如,通过巧妙地结合相似的调查,设计“类似实验”。这样一来,因果关系的调查成本就会降低,但还是很难与相关关系体现的优越性相抗衡。还有,正如前面提到的那样,在专家进行因果关系的调查时,相关关系分析本来就会起到帮助的作用。在大多数情况下,一旦人们完成了对大数据的相关关系分析,而又不满足于仅仅知道“是什么”的时候,就会继续在更深的层次上研究因果关系,找出事实背后的“为什么”。

因果关系还是有用的，但是它将不再被看成是意义来源的基础。在大数据时代，即使很多情况下人们依然指望用因果关系来说明其发现的相互联系，但是，人们知道因果关系只是一种特殊的相关关系。相反，大数据推动了相关关系分析。相关关系分析通常情况下能取代因果关系起作用；即使在不可取代的情况下，它也能指导因果关系起作用。

【作　　业】

1. 计算机的二进制逻辑通常只有两种状态：要么是真要么是假，现实生活中(　　)这样非此即彼的情况。

A. 很少有　　B. 常见　　C. 基本都是　　D. 完全都是

2. 常规逻辑的规则情况只有两种，即不是1就是0。而在模糊逻辑中，每一个情况的真值可以是0和1之间的(　　)值。

A. 某个　　B. 某一组　　C. 任何　　D. 特定

3. 专家系统是利用人类专长建立的，可以提供程序使用的明确规则。而利用模糊逻辑，可以制定与专家所言(　　)规则。

A. 更多的　　B. 相反的　　C. 不同的　　D. 一致的

4. 所谓模糊逻辑，是建立在(　　)逻辑基础上，运用模糊集合的方法来研究模糊性思维、语言形式及其规律的科学。

A. 单值　　B. 多值　　C. 形式　　D. 数理

5. 模糊逻辑区分模糊集合，处理模糊关系，模拟人脑实施规则型推理，解决各种(　　)问题。

A. 不确定　　B. 确定　　C. 精确　　D. 重要

6. (　　)的引入，可将人的判断、思维过程用比较简单的数学形式直接表达出来，从而使对复杂系统进行合乎实际的、符合人类思维方式的处理成为可能，为经典模糊控制器的形成奠定了基础。

A. 精确计算　　B. 统计科学　　C. 模糊集合　　D. 随机抽样

7. 当面临大量数据时，以往长期依赖于采样分析，但是采样分析是(　　)时代的产物。

A. 计算机　　B. 青铜器　　C. 模拟数据　　D. 云

8. 因为大数据是建立在(　　)，所以人们就可以正确地考察细节并进行新的分析。

A. 掌握所有数据，至少是尽可能多的数据的基础上的

B. 在掌握少量精确数据的基础上，尽可能多地收集其他数据

C. 掌握少量数据，至少是尽可能精确的数据的基础上的

D. 尽可能掌握精确数据的基础上

9. 直到今天，数字技术依然建立在精准的基础上，这种思维方式适用于掌握(　　)的情况。

A. 小数据量　　B. 大数据量　　C. 无数据　　D. 多数据

10. 寻找(　　)是人类长久以来的习惯，即使确定这样的关系很困难而且用途不大，人类还是习惯性地寻找原因。

A. 相关关系　　B. 因果关系　　C. 信息关系　　D. 组织关系

11. 在大数据时代，无须再紧盯事物之间的(　　)，而应该寻找事物之间的(　　)，这会给人们提供非常新颖且有价值的观点。

A. 因果关系，相关关系　　B. 相关关系，因果关系

C. 复杂关系，简单关系　　D. 简单关系，复杂关系

【研究性学习】 观察和熟悉模糊逻辑在家用电器中的应用

小组活动：讨论模糊逻辑在家用电器中的应用。

记录：请记录小组讨论的主要观点，推选代表在课堂上简单阐述你们的观点。

评分规则：若小组汇报得 5 分，则小组汇报代表得 5 分，其余同学得 4 分，以此类推。

____

____

____

____

____

实训评价(教师)：____

____

包容体系结构与机器人技术

5.1 什么是包容体系结构

在传统的计算机编程过程中,程序员必须尽力考虑所有可能遇到的情况并一一规定应对策略。无论创建何种规模的程序,一半以上的工作(软件测试)都在于找到错误,并修改代码来纠正它们。

5.1.0

几十年来,人们发明了许多工具来使编程更加有效,降低错误发生的概率。与1946年计算机刚问世时相比,编程无疑更加高效,但仍避免不了大量错误。不论使用何种工具,程序员在编写程序时每百行还是会产生数量大致相同的错误。这些错误不仅出现在程序本身及其使用的数据中,更存在于任务的具体规定中。倘若利用逻辑、规则和框架编写通用的人工智能程序,那么程序必定十分庞大,并且漏洞百出。

5.1.1 “中文房间”思维实验

1986年,美国哲学家约翰·希尔勒进行了一项名为“中文房间”的思维实验,以证明能够操控符号的计算机即使模拟得再真实,也根本无法理解它所处的这个现实世界。

假设某人身处的房间内只有铅笔、纸张和一大本指导手册,时不时会有画着不明符号的纸张被递进来。他只能从指导手册中寻找对应指令来分析这些符号,并在此过程中写下大量笔记。最终,他将向房间外的人交出一份同样写满符号的答卷。被测试者全程都不知道,其实这些纸上用来记录问题和答案的符号就是中文,他完全不懂中文,甚至无法识别汉字,但他的回答却是完全正确的。

被测试者代表计算机,他所经历的也正是计算机的工作内容,即遵循规则,操控符号。“中文房间”思维实验验证的假设就是看起来完全智能的计算机程序其实根本不理解自身处理的各种信息。

5.1.2 建立包容体系结构

希尔勒认为,“中文房间”思维实验证明了能够操控符号的程序不具备自主意识。自该实验结论发布以来,众说纷纭,各方抨击和辩护的声音不断。不过,它确实减缓了纯粹基于逻辑的人工智能研究的势头,使研究者转而倾向于支持建立摆脱符号操控的系统。

其中一个极端尝试就是**包容体系结构**，强调完全避免符号的使用，不是用庞大的框架数据库来模拟世界，而是关注直接感受世界。

包容体系结构不是一个只关注隐藏在数据中心中的文本的程序，而是实实在在的物理机器人，利用不同设备(传感器)来感知世界，并通过其他设备(传动器)来操控行动。美国机器人制造专家罗德尼·布鲁克斯曾说："这个世界就是描述它自己最好的模型，它总是最新的，它总是包括了需要研究的所有细节。诀窍在于正确地、足够频繁地感知它。"这就是情境人工智能或具身人工智能，也被许多人看作至关重要的一项创造，因为它能够建立无需庞大数据库的智能系统，而事实已经证明，要建立庞大数据库是非常困难的。

包容体系结构建立在多层独立行为模块的基础上。每个行为模块都是一个简单程序，从传感器接收信息，再将指令传递给传动器。层级更高的行为可以阻止低层行为的运作。

情境人工智能和具身人工智能这两个术语的概念稍有不同。情境人工智能是实实在在放置于真实环境中的，具身人工智能则拥有物理实体。前者暗示其本身必须与非理性环境进行交互，后者则是利用非理想的传感器和传动器完成交互。当然在实际操作中，二者是不可分割的。

5.2 包容体系结构的实现

包容体系结构令人信服地解释了低等动物(如蟑螂等昆虫和蜗牛等无脊椎动物)的行为。利用该结构创建的机器人的程序是固定的。如果想要完成其他任务，则需要再创建一个新的机器人。这与人脑运作的方式不同，随着年龄的增长和阅历的增加，人们的大脑同样也在成长和改变，但其他动物都不具有像人脑一样复杂的大脑。

5.2.0

对许多机器人来说，这种程度的智能刚好合适。例如，智能真空吸尘器(图 5-1) 只需要以最有效的方式覆盖整个地板面积，而不会在运行过程中被可能出现的障碍物干扰。在更加智能的机器人的最底层系统中，包容体系结构同样适用，即用来执行条件反射行为。有物体接近眼睛时人会眨眼，触碰到扎手的东西时人会快速把手收回来，这两种行为发生得太快，根本无法涉及意识思考。事实上，条件反射不一定关乎大脑。医生轻敲膝

图 5-1 智能真空吸尘器

盖，观察小腿前踢反应，这时信号仅从膝盖上传至脊柱再重新传回肌肉，尤其对于机器人而言，如果运行过多的软件，思考时间就会较长。编写条件反射程序可以帮助我们创建兼顾环境和智能的机器人。

包容体系结构可能为今后继续发展提供了一种新的途径，因为它已经成功再现了昆虫行为和条件反射等，但它还未曾展示出更高水平的逻辑推理能力，无法处理语言或高水平学习等问题。无疑，它是一块重要的拼图，但还不能解开所有的谜题。

5.2.1 机器人艾伦

利用包容体系结构技术创建的第一个机器人名叫艾伦(Allen)，它具备 3 层行为模块。最底层模块通过声呐探测物体位置并远离物体来避开障碍物。在孤身一“人”时，它将保持静止；一旦有物体靠近，它就立刻跑开。物体靠得越近，它闪避的推动力越大。中间层对行为做出修改，机器人每 10s 就会朝一个随机方向移动。最高层利用声呐寻找远离机器人所处位置的点，并调整路径朝该点前进。作为一个实验，艾伦是对包容体系结构技术的成功展示；但就机器人本身来说，从一个地方到另一个地方漫无目的地移动确实没有什么成就可言。

5.2.2 机器人赫伯特

应用范围更广的例子是赫伯特(Herbert)，这是利用包容体系结构创建的第 3 个机器人，它拥有 24 个 8 位微处理器，能够运行 40 个独立行为。赫伯特在麻省理工学院人工智能实验室中漫步，寻找空的易拉罐，再将它们统一带回一个固定地点。实验室的学生会将空易拉罐丢在地上，易拉罐的大小和形状全部统一，并且都是竖直放置的，这些条件都让易拉罐更容易被机器人识别和收集(图 5-2)。

图 5-2　机器人用手抓取物体

赫伯特没有存储器，无法规划在实验室中行走的路径。除此之外，它的所有行为都不需要与任何人沟通，全靠从传感器接收输入信息，再控制传动器作为输出。例如，当它的手臂伸展出去时，手指会置于易拉罐的两侧，随即收紧(图 5-2)。但这并不是软件控制的结果，而是手指之间的红外光束被切断时的规定动作。与之类似，由于已经抓住了易拉罐，手臂就将收回。

与严格执行规则和计划的机器人相比，赫伯特能够更加灵活地采取应对措施。例如，它正在过道上向下滑动，有人递给它一个空易拉罐，它也会立刻抓住易拉罐送往回收基地，但这一举动并不会打扰它的搜寻过程，它合上手掌是因为已经抓住了易拉罐，它的下一步行动就是直接回到基地而不是继续盲目搜索。

5.2.3 机器人托托

虽然不具备存储器的机器人似乎无法进行多项有用的任务，但研究人员正致力于开发解决这类问题的方法。机器人托托(Toto)能够在真实环境中漫步并制作地图，其绘制的地图不是数据结构模式，而是一组地标。

托托发现地标后就会产生相应行为，它可以通过激活与某地相关的行为到达该地。这一行为不断重复，持续发送信息激活最接近的其他行为。随着激活的持续进行，与机器人当前位置相关的行为迟早会被激活。最早发送的激活信息将经过个数最少的地标到达目的地，由此选择最优路径。机器人将朝着激活信号来源的地标方向移动。在到达目的地后又将接收到新的激活信号，再继续朝着新信号指示方向前进。最终，它将经由地标间的最短路径到达指定位置。

机器人判定地标的方式与人类不同，人类可能会将某些办公室房门、盆栽植物或大型打印机认作地标，而计算机则根据自身行为进行判断，是否紧邻走廊、是否靠墙这些都会成为计算机的考虑因素。机器人托托只能探索一小块区域并且根据指令回到特定位置，而更加复杂的机器人则能够将地标与活动及事件联系起来，并在某些情况下主动回到特定位置。太阳能机器人可以确定光线充足的区域，并在电量低时回到该区域。收集易拉罐的机器人则可以记住学生们最容易丢易拉罐的地方。

5.3 划时代的阿波罗计划

从莱特兄弟成功升空的第一架飞机到阿波罗计划将人类送上月球并安全返回地球花了60多年时间，从数字计算机的发明到深蓝计算机击败人类国际象棋世界冠军花了50多年时间。人们意识到，建立人形机器人足球队(图5-3)需要大致相当的时间及多个领域的研究人员的极大努力，这个目标是不能在短期内实现的。

5.3.0

图5-3 人形机器人足球队

RoboCup 机器人世界杯赛提出的最终目标是：到 21 世纪中叶，一支完全自治的人形机器人足球队应该能在遵循国际足联正式规则的比赛中战胜当时的人类世界杯冠军队。这个目标是对人工智能与机器人学的一个重大挑战。从现在的技术水平来看，这个目标可能是过于乐观了，但重要的是提出这样的长期目标(表 5-1)并为之而奋斗。

表 5-1 人类提出的长期目标

目标	送一个宇航员在月球登陆并安全返回地球	开发出能战胜人类国际象棋世界冠军的计算机	开发出能像人类那样踢球的足球机器人
技术	系统工程、航空学、各种电子学等	搜索技术、并行算法和并行计算机等	实时系统、分布式协作、智能体等
应用	遍布各处	各种软件系统、大规模并行计算机	下一代人工智能，现实世界中的机器人和人工智能系统

一个成功的划时代计划必须实现一个能引起广泛关注的目标。1969 年 7 月 16 日阿波罗登月，在阿波罗计划中，美国制定了“送一个宇航员在月球登陆并安全返回地球”的目标，目标的实现本身就是人类的一个历史性事件。虽然送人登上月球带来的直接经济收益很小(公正地讲，美国实施阿波罗计划是希望获得国家声望，并展示对苏联的技术优势。即便如此，几个宇航员在月球登陆也没有给美国带来直接的军事优势)。为实现这个目标而发展的技术是如此重要，以至于成了美国强大工业的技术和人员基础。

划时代计划的重要问题是设定一个足够远大的目标，才能取得一系列为完成这个任务而必须实现的技术突破。同时，这个目标也要有广泛的吸引力和兴奋点，使为了完成目标而实现的技术成为下一代工业的发展基础。

阿波罗计划是“一个人的一小步，人类的一大步”。举国上下的努力使宇航员阿姆斯特朗登上月球表面，实现了这个与人类历史一样久远的梦想(图 5-4)。但是阿波罗计划的影响已经超过了让美国人在月球登陆并安全返回地球的目标：创立了在太空中超越其他国家的技术；将美国永远载入人类太空探索的史册；开始了人类对月球的科学探索；提高了人类在月球环境中生存的能力。

1997 年 5 月，IBM 公司的深蓝计算机击败了国际象棋世界冠军，人工智能历时 40 年的挑战终于取得了成功。在人工智能与机器人学的历史上，这一事件成为一座里程碑。1997 年 7 月 4 日，美国国家航空航天局的“探路者”在火星登陆，在火星表面释放了第一个自治机器人系统——寄居者(Sojourner，图 5-5)。与此同时，RoboCup 也朝开发能够战胜人类世界杯冠军队的机器人足球队走出了第一步。

由于 RoboCup 中涉及的许多技术难点都是目前相关领域研究与应用中的关键问题，因此可以很容易地将 RoboCup 的一些研究成果转化到实际应用中，具体内容如下。

(1) 搜索与救援。在执行任务时，一般将人员分成几个小分队，而每个小分队往往只能得到部分信息，有时还是错误的信息；环境是动态改变的，往往很难做出准确的判断；有时是在敌对环境中执行任务，随时都有可能遭遇敌人；几个小分队之间需要有很好的协作；在不同的情况下，有时需要改变任务的优先级，随时调整策略；需要满足一些约束条件，例如将被救者拉出来，同时又不能伤害他们。这些特点与 RoboCup 有一定的相似性，因此,RoboCup 的研究成果就可以用于这个领域。事实上,有一个专门的 RoboCup-Rescue 小组专门负责这方面的问题。

图 5-4 阿波罗飞船登月

图 5-5 第一个自治机器人系统寄居者

(2) 太空探险。太空探险一般都需要有自治系统,该系统能够根据环境的变化做出自己的判断,而不需要研究人员直接控制。在探险过程中,可能会有一些运动的障碍物,自治系统必须能够主动躲避。另外,在遇到某些特定情形时,要求自治系统能改变任务的优先级,调整策略,以获得最佳效果。

(3) 办公室机器人系统。此类系统是用于完成一些日常事务的机器人或机器人小组,这些日常事务一般包括收集废弃物、清理办公室、传递某些文件或小件物品等。办公室的环境具有一定的复杂性,而且由于经常有人员走动或者办公室重新布置了,使这个环境也具有动态性。另外,由于每个机器人都只拥有办公室的部分信息,为了更好地完成任务,它们必须进行有效的协作。从这些可以看出,这又是一个类似 RoboCup 的技术领域。

(4) 其他多智能体系统。这是一个比较大的类别,RoboCup 中的一个球队可以认为就是一个多智能体系统,而且是一个比较典型的多智能体系统,具备多智能体系统的许多特点,因此,RoboCup 的研究成果可以应用于许多多智能体系统,如空战模拟、信息代理、虚拟现实、虚拟企业等。

从上面的几个例子就可以看出 RoboCup 技术的普遍性。

5.4 机器感知

机器感知(machine perception)也称机器认知(machine cognition),是指使用传感器(如照相机、麦克风、声呐以及其他的特殊传感器)输入的资料推断世界的状态(图 5-6)。计算机视觉能够分析影像输入,另外还有语音识别、人脸辨识和物体辨识。

5.4.0

机器感知系统是由一系列复杂程序组成的大规模信息处理系统。信息通常由很多常规传感器采集。经过相关程序的处理后,会得到一些基本感官无法得

图 5-6 机器感知

到的结果。

机器感知研究如何用机器或计算机模拟、延伸和扩展人的感知或认知能力，包括机器视觉、机器听觉、机器触觉等。计算机视觉、模式（文字、图像、声音等）识别、自然语言理解等都是人工智能领域的重要研究内容，也是在机器感知方面高智能水平的计算机应用。

在智能交通详细数据采集系统的研发以及现有交通管理体系的分析、改造中，如果机器感知技术能够得到正确运用，对缓解城市交通难题将有极大帮助。利用逼真的三维数字模型，以不同的观测视角展示人口密集的商业区、重要文物古迹、旅游景点等的人流、车流的动态情况，可以为安全设施的部署以及突发事件的预防、处理等提供准确信息，为维护社会公共安全提供保障。

5.4.1 机器智能与智能机器

机器智能（Machine Intelligence，MI）研究如何提高机器应用的智能水平，使机器更“聪明”。这里，“机器”主要是指计算机、自动化装置、通信设备等。

专家系统就是用计算机模拟、延伸和扩展专家的智能，基于专家的知识和经验，求解专业性问题的、具有人工智能的计算机应用系统，例如医疗诊断专家系统、故障诊断专家系统等。

智能机器（Intelligent Machine，IM）研究如何设计和制造具有更高智能水平的机器。

5.4.2 机器思维与思维机器

机器思维（machine thinking）具体地说是计算机思维（computer thinking），如专家系统、机器学习、计算机下棋、计算机作曲、计算机绘画、计算机辅助设计、计算机证明定理、计算机自动编程等。

思维机器（thinking machine）也可以称为会思维的机器。现在的计算机是一种不会思维的机器。但是，现有的计算机可以在人脑的指挥和控制下，辅助人脑进行思维活动和脑力劳动，如医疗诊断、化学分析、知识推理、定理证明、产品设计等，以实现某些脑力劳动的自动化或半自动化。从这种观点出发也可以说，目前的计算机具有某些思维能力，只不过现有计算机的智能水平还不高，所以需要研究更“聪明”的、思维能力更强的智能计算机或脑模型。

感知机器(perceptible machine)或认知机器(recognizing machine),研究如何设计和制造具有人工感知或人工认知能力的机器,包括视觉机器、听觉机器、触觉机器等。文字识别机、感知机、认知机、工程感觉装置、智能仪表等都属于感知机器。

5.4.3 机器行为与行为机器

机器行为(machine behavior)或计算机行为(computer behavior)研究如何用机器模拟、延伸和扩展人的智能行为,例如,自然语言生成(用计算机等模拟人说话的行为)、机器人行动规划(模拟人的动作行为)、倒立摆智能控制(模拟杂技演员的平衡控制行为)、机器人的协调控制(模拟人的运动协调控制行为)、工业窑炉的智能模糊控制(模拟窑炉工人的生产控制操作行为)、轧钢机的神经网络控制(模拟操作工人对轧钢机的控制行为)等。

行为机器(behavioral machine)指具有人工智能行为的机器,或者说是指能模拟、延伸和扩展人的智能行为的机器,例如智能机械手、机器人、操作机、自然语言生成器、智能控制器(如专家控制器、神经控制器、模糊控制器等)。这些机器具有类似于人的智能行为的某些特性,如自适应、自学习、自组织、自协调、自寻优等,因而,能够适应工作环境和条件的变化,通过学习改进性能,根据需求改变结构,相互配合,协同工作,自行寻找最优工作状态。

5.5 机器人的概念

机器人是自动执行工作的机器装置,是整合控制论、机械工程、电子学、计算机科学、材料学和仿生学的高级产物,在工业、医学、农业、建筑业和军事等领域中均有重要用途。它既可以接受人类指挥,又可以运行预先编排的程序,也可以根据人工智能技术的原则行动。它的任务是协助或取代人类的工作,例如生产、建筑施工或危险的工作。

随着工业自动化和计算机技术的发展,机器人开始进入大量生产和实际应用阶段。随后由于装备自动化、海洋开发、空间探索等实际问题的需要,对机器人的智能水平提出了更高的要求。特别是在危险环境和人难以胜任的场合,更迫切需要机器人,从而推动了智能机器人的研究。

5.5.1 机器人的发展

5.5.1

机器人的发展历史非常丰富、悠久。

也许第一个被人们接受的自动机械代表作是1574年制造的斯特拉斯堡铸铁公鸡。每天中午,它会张开喙,伸出舌头,拍打翅膀,展开羽毛,抬起头并啼鸣3次。这只公鸡一直服务到1789年。

在20世纪,人们建造了许多成功的机器人系统。20世纪80年代,在工厂和工业环境中,机器人开始变得随处可见。

控制论被视为人工智能学科中发展得最早的领域,它对生物和人造系统中的通信和控制过程进行研究和比较。麻省理工学院的诺伯特·维纳为定义这个领域做出了杰出贡献,并进行了开创性的研究。这个领域将神经科学、生物学与工程学的理论和原理结合起来,目的是在动物和机器之间找到共同的属性和原理。马特里指出:“控制论的一个关键概念侧重于机械或有机体与环境之间的耦合、结合和相互作用。”这种相互作用相当复杂。马特里将机器人定义为“存在于物质世界中的自治系统,可以感知其环境,并可以采取行动,实现一些目标”。

1949年,为了模仿自然生命,英国科学家格雷·沃尔特设计制作了一对名叫埃尔默和埃莉斯的机器人,因为它们的外形和移动速度都类似自然界的爬行龟,所以也被称为机器龟(图5-7)。这是公认最早的真正意义上的移动式机器人。

图5-7 机器龟

沃尔特机器人与在此之前的机器人不同,它们以不可预知的方式行事,能够做出反应,在其环境中能够避免重复的行为。机器龟由3个轮子和一个硬塑料外壳组成。两个轮子用于前进和后退,而第三个轮子用于转向。机器龟的“感官”非常简单,仅由一个可以感受到光的光电池和作为触摸传感器的表面电触点组成。光电池为其提供电源,外壳为其提供一定程度的保护,可防止物理损坏。

有了这些简单的组件和其他几个组件,沃尔特机器人能够表现出如下的行为:找光,朝着光前进,远离明亮的光,转动和前进以避免障碍,给电池充电。

自机器人诞生之日起,人们就不断地尝试着说明到底什么是机器人。随着机器人技术的飞速发展,机器人所涵盖的内容越来越丰富。从应用环境出发,机器人专家将机器人分为两大类,即制造环境下的工业机器人和非制造环境下的服务与仿人型机器人(特种机器人)。工业机器人就是面向工业领域的多关节机械手或多自由度机器人,而特种机器人则是用于非制造业并服务于人类的各种机器人。

5.5.2 机器人三定律

5.5.2

国际上对机器人的定义已经逐渐趋近一致。一般来说,人们都可以接受这种说法,即机器人是靠自身动力和控制能力来实现各种功能的一种机器。国际标准化组织采纳了美国机器人协会给机器人下的定义:**“一种可编程和多功能的操作机;或是为了执行不同的任务而具有可用计算机改变和可编程动作的专门系统”**。

中国科学家对机器人的定义是:**“机器人是一种自动化的机器……这种机器具备一**

些与人或生物相似的智能能力，如感知能力、规划能力、动作能力和协同能力，是一种具有高度灵活性的自动化机器。”

在研究和开发未知及不确定环境下作业的机器人的过程中，人们逐步认识到机器人技术的本质是感知、决策、行动和交互技术的结合。

机器人学的研究推动了许多人工智能思想的发展，有一些机器人技术可在人工智能研究中用来建立世界状态的模型和描述世界状态变化的过程。关于机器人动作规划生成和规划监督执行等问题的研究推动了规划方法的发展。此外，由于机器人是一个综合性的课题，除机械手和步行机构外，还要研究机器视觉、机器触觉、机器听觉等信息传感技术以及机器人语言和智能控制软件等。可以看出，这是一个涉及精密机械、信息传感技术、人工智能方法、智能控制以及生物工程等学科的综合技术，机器人学研究有利于促进各学科的相互结合，并大大推动人工智能技术的发展。

为了防止机器人伤害人类，1942 年，科幻小说家艾萨克·阿西莫夫(Isaac Asimov)在小说《钢穴》中提出了**机器人三定律**：

(1) 机器人不得伤害人类，不得看到人类受到伤害而袖手旁观。

(2) 机器人必须服从人类的命令，除非这种命令与第一定律相冲突。

(3) 只要与第一定律或第二定律没有冲突，机器人就必须保护自己。

这是赋予机器人的伦理性纲领。几十年过去了，机器人学领域一直将这三个定律作为机器人开发的基本准则。

5.6 机器人的技术问题

开发机器人涉及的技术问题极其纷繁，在某种程度上，这取决于人们实现精致、复杂的机器人功能的雄心。从本质上讲，机器人设计工作是问题求解的综合形式。

机器人的早期历史着重于运动和视觉(称为机器视觉)，计算几何和规划问题是与其紧密结合的学科。在过去几十年中，随着语言学、神经网络和模糊逻辑等成为机器人技术的研究与进步的不可分割的部分，机器人学习的可能性变得更加现实。

5.6.1 机器人的组成

5.6.1

1967 年，在日本召开的第一届机器人学术会议上，就有学者提出了两个有代表性的机器人的定义。一个是森政弘与合田周平提出的定义：“机器人是一种具有移动性、个体性、智能性、通用性、半机械半人性、自动性、奴隶性 7 个特征的柔性机器。”从这一定义出发，森政弘又提出了用自动性、智能性、个体性、半机械半人性、作业性、通用性、信息性、柔性、有限性、移动性 10 个特征来表示机器人的形象。另一个是加藤一郎提出的定义，他认为，具有如下 3 个条件的机器可称为机器人：

(1) 具有脑、手、脚三要素的个体。

(2) 具有非接触传感器(用眼、耳接收远方信息)和接触传感器。

(3) 具有平衡觉和固有觉的传感器。

可以说机器人就是具有生物功能的物理空间运行工具,可以代替人类完成一些危险或难以进行的工作、任务等。机器人能力的评价标准包括以下3个方面:①智能,指感觉和感知,包括记忆、运算、比较、鉴别、判断、决策、学习和逻辑推理等;②机能,指变通性、通用性或空间占有性等;③物理能,指力、速度、可靠性、联用性和寿命等。

机器人一般由执行机构、驱动装置、检测装置、控制系统和复杂机械等组成。机器人具体结构示例如图5-8所示。

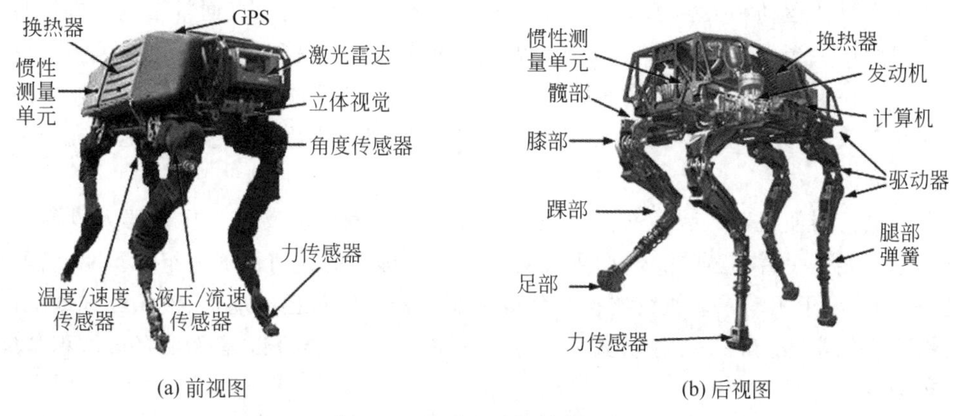

(a) 前视图　　(b) 后视图

图5-8　机器人具体结构示例

(1) 执行机构。即机器人本体,其机械臂部分一般采用空间开链连杆机构,其中的运动副(转动副或移动副)通常称为关节,关节个数通常为机器人的自由度数。根据关节配置形式和运动坐标形式的不同,机器人执行机构可分为直角坐标式、圆柱坐标式、极坐标式和关节坐标式等类型。出于拟人化的考虑,常将机器人本体基座以上的有关部位分别称为腰部、臂部、腕部、手部(夹持器或末端执行器)和行走部(对于移动机器人)等。

(2) 驱动装置。是驱使执行机构运动的机构,按照控制系统发出的指令信号,借助于动力元件使机器人动作。它输入的是电信号,输出的是线位移量和角位移量。机器人使用的驱动装置主要是电动型的,如步进电机、伺服电机等,此外也有的机器人采用液压型或气动型驱动装置。

(3) 检测装置。用于实时检测机器人的运动及工作情况,根据需要反馈给控制系统,与设定信息进行比较后,对执行机构进行调整,以保证机器人的动作符合预定的要求。作为检测装置的传感器大致可以分为两类:一类是内部信息传感器,用于检测机器人各部分的内部状况,如各关节的位置、速度、加速度等,并将测得的信息作为反馈信号送至控制器,形成闭环控制;另一类是外部信息传感器,用于获取有关机器人的作业对象及外界环境等方面的信息,以使机器人的动作能适应外界情况的变化,使之达到更高层次的自动化,甚至使机器人具有某种“感觉”,向智能化发展,例如视觉、声觉等外部传感器给出工作对象、工作环境的有关信息,利用这些信息构成一个大的反馈回路,从而可以大大提高机器人的工作精度。

(4) 控制系统。分为两种类型:一种是集中式控制系统,即机器人的全部控制由一台微型计算机完成;另一种是分散(级)式控制系统,即采用多台微机来分担机器人的控制。例如，当采用上下两级微机共同完成机器人的控制时，主机常用于负责系统的管理、通信、运动学和动力学计算，并向下级微机发送指令信息；各关节分别对应一个作为下级从机的 CPU，进行插补运算和伺服控制处理，实现给定的运动，并向主机反馈信息。根据作业任务要求的不同，机器人的控制方式又可分为点位控制、连续轨迹控制和力（力矩）控制。

值得注意的是，机器人的电力供应与人类的食物之间存在一些重要的类比。人类需要食物来为身体运动和大脑功能提供能量。机器人同样需要动力（通常由电池提供）以进行运动和操作。当人饿了的时候就不能做出好的决定，容易犯错误，表现得很差或很奇怪。机器人在电力不足时也会发生同样的事情，因此，它们的供电系统必须是独立的、受保护的和有效的，并且应该可以平稳降级，也就是说，机器人应该能够自主地补充电力，而不会完全崩溃。

末端执行器使机器人装载的任何设备都可以对环境做出反应。在机器人世界中，末端执行器可能是手臂、腿或轮子，即可以对环境产生影响的任何机器人组件。驱动器是一种机械装置，用于驱动末端执行器执行任务。驱动器可以包括电动机、液压或气动缸以及温度敏感或化学敏感的材料，以激活末端执行器。驱动器可以是无源的，也可以是有源的。

5.6.2 机器人的运动

5.6.2

运动学是关于机械系统运行的基础研究。在移动机器人领域，这是一种自下而上的技术，涉及物理学、力学、软件和控制领域。机器人每时每刻都需要由软件来控制硬件，因此运动系统相当复杂。无论是让机器人踢足球，还是让它登上月球或在海面下工作，最根本的问题都是运动。

典型的末端执行器如下：

- 轮子，用于滚动。
- 腿，可以走路、爬行、跑步、爬坡和跳跃。
- 手臂，用于抓握、摇摆和攀爬。
- 翅膀，用于飞行。
- 脚蹼，用于游泳。

在机器人领域中，一个常见的概念是物体运动自由度（简称自由度），这是表达机器人可以实现的各种运动类型的方法。例如，在考虑直升机的运动自由度（称为平移自由度）的，一般来说，可以用 6 个自由度描述直升机能够进行原地转圈、俯仰和偏移运动（图 5-9）。

汽车（或直升机在地面上）只有 3 个自由度（没有垂直运动），但是只有两个自由度可控。也就是说，地面上的汽车通过车轮只能前后移动，并利用方向盘控制其向左转或向右转。如果一辆汽车可以直接向左或向右移动（例如使其每个车轮原地转动 90°），那么将增加一个自由度。由于机器人运动更加复杂，例如手臂或腿可以在不同方向上移动，因此自由度是一个重要问题。

一旦开始考虑运动，就必须考虑稳定性。人和机器人都有重心，它会影响平衡。重心

图 5-9　直升机有 6 个自由度

太低会导致在地面上拖行前进，重心太高则会导致不稳定。与重心概念紧密联系的是支持多边形的概念，它是支持机器人以加强其稳定性的平台。

5.6.3　机器狗

5.6.3

机器狗(图 5-10)有 3 个代表性成果：Big Dog、ASIMO 和 Cog，这 3 个项目代表了 20 世纪晚期以来科学家的重大努力。它们解决了机器人技术领域很多复杂而细致的技术问题。Big Dog 的设计目标是运动和重载运输，主要用于军事领域；ASIMO 展现了运动的各个方面，强调了人类元素，即探索人类如何移动；Cog 主要展现了思考能力，这种思考区分了人类与其他生物，被视为人类所特有的能力。

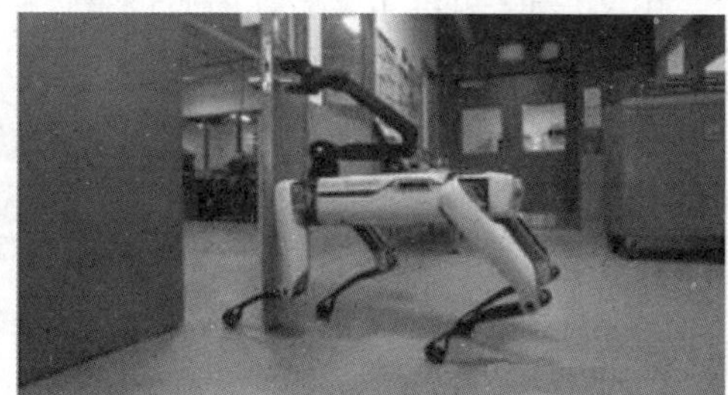

图 5-10　机器狗

1992 年，美国机器人专家马克・莱伯特与他人一起创办了波士顿动力学工程公司。他首先开发了全球第一个能自我平衡的跳跃机器人，随后该公司获得了与美国国防部合作的机会，美国国防部投资几千万美元用于机器人的研究。虽然当时美国国防部还想不出这些机器人能干什么，但是认为这个技术在未来是有用的。当时，很多机器人行走缓慢，平衡性很差，莱伯特模仿生物运动学原理，使机器人保持动态稳定。与真的动物一样，莱伯特开发的机器人移动迅速且平稳。

2005 年，波士顿动力学工程公司制造了四腿机器人——Big Dog。这个项目是由美国国防部高级研究计划局资助的，源自美国国防部为军队开发新技术的任务。

2012 年,Big Dog 升级,可跟随主人行进 20mile(约 32km)。

2015 年,美军开始测试这种具有高机动能力的四足仿生机器人与士兵协同作战的性能。Big Dog 的动力来自一部带有液压系统的汽油发动机,它的 4 条腿完全模仿狗的 4 条腿,内部安装了特制的减震装置。Big Dog 的长度为 1m,高为 70cm,重量为 75kg。从外形上看,它很像一条真正的大狗。

Big Dog 的内部安装了一台计算机,可根据环境的变化调整行进姿态。而大量的传感器则能够保障操作人员实时地跟踪 Big Dog 的位置并监测其系统状况。这种机器人的行进速度可达到 7km·h,能够攀越 35°的斜坡。它可携带重量超过 150kg 的武器和物资。Big Dog 既可以沿着预先设定的简单路线行进,也可以由人进行远程控制。

【作　　业】

1. 在传统的计算机编程中,程序员必须(　　)。

A. 重点考虑关键步骤并设计精良的算法

B. 尽力考虑所有可能遇到的情况并一一规定应对策略

C. 有良好的独立工作能力,独自完成从需求分析到程序运行的所有步骤

D. 全部工作就在于编程,需要编写出庞大的程序代码集

2. 几十年来,人们发明了许多工具来使编程更加有效,降低错误发生的概率。人们发现,倘若利用逻辑、规则和框架编写通用的人工智能程序,那么程序必定(　　)。

A. 十分庞大且漏洞百出　　B. 短小精悍,但缺陷很多

C. 短小精悍且可靠性强　　D. 庞大复杂,但可靠性强

3. "中文房间"思维实验验证的假设是:看起来完全智能的计算机程序(　　)。

A. 基本上能理解和处理各种信息

B. 完全能理解自身处理的各种信息

C. 确实能在各方面发挥其强大的功能

D. 其实根本不理解自身处理的各种信息

4. 包容体系结构的特点是(　　),它不是用庞大的框架数据库来模拟世界,而是关注直接感受世界。

A. 强化抽象符号的使用　　B. 重视用符号代替具体数字

C. 完全避免符号的使用　　D. 克服具体数字的困扰

5. 包容体系结构是(　　),利用不同传感器来感知世界,并通过其他设备(传动器)来操控行动。

A. 一段表达计算逻辑的程序　　B. 实实在在的物理机器人

C. 通用计算机的一组功能　　D. 用于包装作业的一组传统设备

6. 包容体系结构建立在多层独立行为模块的基础上。每个行为模块都是(　　),从传感器接收信息,再将指令传递给传动器。

A. 一个简单程序　　B. 一个复杂程序

C. 重要而繁杂的函数　　D. 重要而庞大的系统

7. RoboCup 机器人世界杯赛提出的最终目标是(　　)。

A. 一支非人形机器人足球队与人类足球队按正式规则比赛

B. 一支完全自治的人形机器人足球队在正式比赛中战胜人类足球世界杯冠军队

C. 一支完全自治的人形机器人足球队参加国际足联的正式比赛

D. RoboCup 机器人世界杯赛与国际足联比赛合并

8. 实现 RoboCup 机器人世界杯赛提出的最终目标的规划时间是(　　)年。

A. 50　　B. 100　　C. 20　　D. 30

9. 机器感知是指能够利用(　　)输入的资料推断世界的状态。

A. 键盘　　B. 鼠标器　　C. 光电设备　　D. 传感器

10. 机器感知研究如何用机器或计算机模拟、延伸和扩展(　　)的感知或认知能力。

A. 机器　　B. 人　　C. 机器人　　D. 计算机

11. 机器感知包括(　　)等多种形式。

A. 机器视觉　　B. 机器听觉　　C. 机器触觉　　D. A、B 和 C

12. 机器智能研究如何提高机器应用的智能水平。这里的"机器"主要是指(　　)。

A. 计算机　　B. 自动化装置　　C. 通信设备　　D. A、B 和 C

13. 智能机器研究如何设计和制造具有更高智能水平的机器,特别是(　　)。

A. 计算机　　B. 厨房设备　　C. 空调装置　　D. 军工装备

14. 机器思维,如专家系统、机器学习、计算机下棋、计算机作曲、计算机绘画、计算机辅助设计、计算机证明定理、计算机自动编程等,可以概括为(　　)思维。

A. 互联网　　B. 计算机　　C. 机器人　　D. 传感器

15. 机器行为研究如何用(　　)模拟、延伸和扩展人的智能行为。

A. 计算机　　B. 计算器　　C. 机器　　D. 机械手

16. 行为机器指具有(　　)的机器,或者说是能模拟、延伸和扩展人的智能行为的机器。

A. 人形动作　　B. 移动能力　　C. 工作行为　　D. 人工智能行为

17. 机器人是(　　),它是高级整合控制论、机械工程、电子学、计算机科学、材料学和仿生学的产物。

A. 自动执行工作的机器装置　　B. 造机器的人

C. 机器造的人　　D. 主动执行工作任务的工人

18. 科幻小说家艾萨克·阿西莫夫于(　　)年在小说中提出了机器人三定律。

A. 1942　　B. 2010　　C. 1946　　D. 2000

19. 阿西莫夫提出的机器人三定律中不包括(　　)。

A. 机器人不得伤害人类,或看到人类受到伤害而袖手旁观

B. 人类应尊重并不得伤害机器人

C. 原则上机器人应服从人类的命令

D. 只要与第一定律或第二定律没有冲突,机器人就必须保护自己

【研究性学习】 网络搜索机器人资料，憧憬机器人发展

小组活动：通过网络搜索，了解更多的不同类型的机器人，讨论机器人的未来发展与应用。

请思考："在这里，重点不是通过编程和教学，而是仅仅凭借机器人对熟练工动作的'看'和讲解的'听'，就能够把操作记下来。"这句话说的是什么技术？

记录：请记录小组讨论的主要观点，推选代表在课堂上简单阐述你们的观点。

评分规则：若小组汇报得5分，则小组汇报代表得5分，其余同学得4分，以此类推。

实训评价（教师）：

机器学习

6.1 什么是机器学习

苹果手机提供了智能语音助手 Siri,电子邮箱通过垃圾邮件过滤器来过滤垃圾邮件。你是否使用了类似这样的服务呢？如果你的回答是“是”,那么,事实上,你已经在利用机器学习技术了。机器学习是人工智能的一个分支(图 6-1),它涉及的范围非常大,包括语言处理、图像识别和智能机器人运动路径规划等,但它实际上又是一个相当简单的概念。

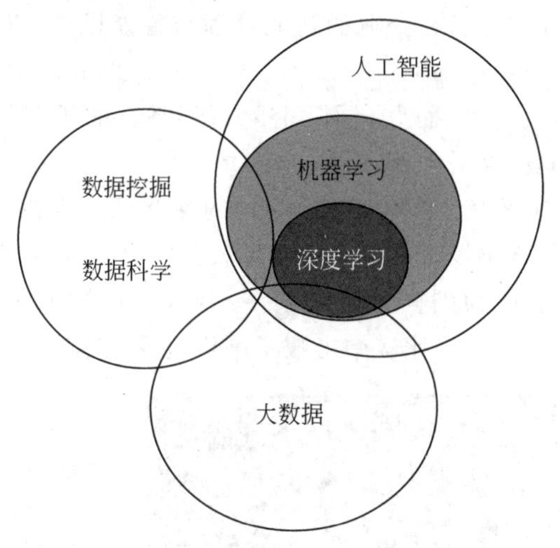

图 6-1　机器学习是人工智能的一个分支

6.1.1

6.1.1　机器学习的发展

机器学习的出现可以追溯到英国数学家贝叶斯(1701—1761)在 1763 年提出的贝叶斯定理,它是关于随机事件 A 和 B 的条件概率(或边缘概率)的一个数学定理。其中,$P(A|B)$ 是在 B 发生的情况下 A 发生的概率：

$$P(B_i \mid A)=\frac{P(B_i)P(A \mid B_i)}{\sum_{j=1}^{n} P(B_j)P(A \mid B_j)}$$

贝叶斯定理是机器学习的基本思想。

机器学习的发展过程大体上可分为 4 个时期。

第一阶段是从 20 世纪 50 年代中期到 60 年代中期，是机器学习发展的热烈时期。

第二阶段是从 20 世纪 60 年代中期至 70 年代中期，是机器学习发展的冷静时期。

第三阶段是从 20 世纪 70 年代中期至 80 年代中期，是机器学习发展的复兴时期。

第四阶段始于 20 世纪 80 年代中期。该阶段的重要表现如下：

(1) 机器学习成为新的边缘学科，它综合了应用心理学、生物学和神经生理学以及数学、自动化和计算机科学，形成了机器学习的理论基础。

(2) 结合各种学习方法、多种形式的集成学习系统研究逐渐兴起。特别是连接学习和符号学习的耦合由于可以更好地解决连续性信号处理中知识与技能的获取与求精问题而受到重视。

(3) 机器学习与人工智能各种基础问题的统一性观点正在形成。例如，基于学习与问题求解结合进行、知识表达便于学习的观点，产生了通用智能系统的组块学习。类比学习与问题求解结合的基于案例的方法已成为经验学习的重要方向。

(4) 各种学习方法的应用范围不断扩大，一部分已形成市场化产品。归纳学习的知识获取工具已在诊断分类型专家系统中广泛使用；连接学习在声图文识别中形成优势；分析学习已用于设计综合型专家系统；遗传算法与强化学习在工程控制中有较好的应用前景；与符号系统耦合的神经网络连接学习已在企业的智能管理与智能机器人运动路径规划中发挥了作用。

(5) 与机器学习有关的学术活动空前活跃。国际上除每年举行的机器学习研讨会外，还有计算机学习理论会议以及遗传算法会议。

机器学习的应用在 1997 年达到巅峰。当年，IBM 公司的深蓝计算机在一场国际象棋比赛中击败了世界冠军加里·卡斯帕罗夫。近年来，谷歌公司开发了专注于围棋的 AlphaGo(阿尔法狗)。尽管人们普遍认为围棋过于复杂，一台计算机根本无法掌握，但 2016 年 AlphaGo 终于获得胜利，在一场 5 局比赛中击败了围棋世界冠军李世石(图 6-2)。

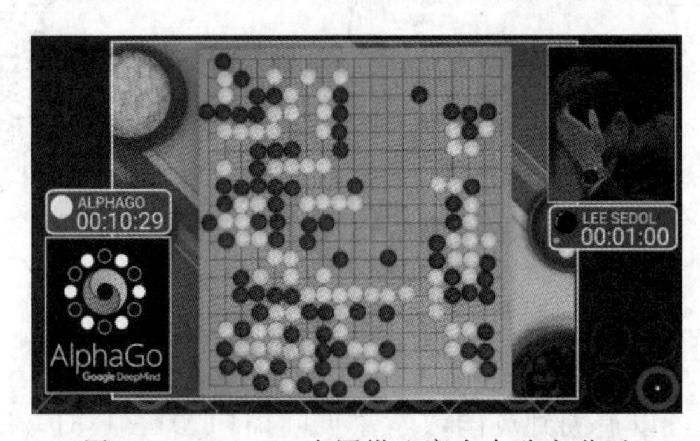

图 6-2 AlphaGo 在围棋比赛中击败李世石

6.1.2 机器学习的定义

6.1.2

学习是人类具有的一种重要的智能行为，但究竟什么是学习，长期以来却众说纷纭。社会学家、逻辑学家和心理学家都各有其不同的看法。例如，兰利(1996) 的定义是：**“机器学习是一门人工智能的科学，该领域的主要研究对象是人工智能，特别是如何在经验学习中改善具体算法的性能。”**

汤姆·米切尔(1997)对机器学习的简要描述是：**“机器学习是对能通过经验自动改进的计算机算法的研究。”**

阿培丁(2004)对机器学习的定义是：**“机器学习是用数据或以往的经验优化计算机程序的性能标准。”**

顾名思义，机器学习是研究如何使用机器来模拟人类学习活动的一门学科。较为严格的定义是：**“机器学习是一门研究机器获取新知识和新技能，并识别现有知识的学问。这里所说的‘机器’，指的是计算机，包括电子计算机、中子计算机、光子计算机或神经计算机等。”**

机器能否像人类一样具有学习能力呢？机器的能力是否能超过人的能力？很多对这些问题给出否定回答的人的一个主要论据是：机器是人造的，其性能和动作完全是由设计者规定的，因此无论如何其能力也不会超过设计者本人。这种意见对不具备学习能力的机器来说的确是对的，可是对具备学习能力的机器就值得考虑了。因为这种机器的能力在应用中会不断地提高，过一段时间之后，设计者本人也不知道它的能力到了何种水平。

汤姆·米切尔对机器学习的定义得到了广泛引用，其内容是：**“计算机程序可以在给定某种类别的任务 T 和性能度量 P 下学习经验 E，如果其在任务 T 中的性能恰好可以用 P 度量，则 P 随着经验 E 而提高。”**

6.2 机器学习的类型

机器学习的核心是：使用算法解析数据，从中学习，然后对世界上的某件事情做出决定或预测。这意味着，与其显式地编写程序来执行某些任务，不如教计算机学会如何开发一个算法来完成任务。机器学习有 3 种主要类型：监督学习、无监督学习和强化学习(图 6-3)。

6.2.0

图 6-3 机器学习的 3 种主要类型

6.2.1 监督学习

监督学习(supervised learning)涉及一组标记数据,即训练数据集。计算机可以使用特定的模式来识别每种标记类型的新样本,即在机器学习过程中提供对错指示,一般是在训练数据组集中包含最终结果,通过算法让机器自行减少误差。监督学习利用给定的训练数据集进行学习并得出一个函数;当接收到一个新的数据时,可以根据这个函数预测结果。监督学习的训练数据集要求包括输入和输出,也可以说是特征和目标,目标是由人标注的。监督学习的主要类型是分类和回归。

在分类中,计算机被训练成将一个组划分为特定的类。一个简单例子就是电子邮件中的垃圾邮件过滤器。它分析用户以前标记为垃圾邮件的电子邮件,并将它们与新邮件进行比较,如果它们有一定程度的匹配,这些新邮件将被标记为垃圾邮件并发送到指定的文件夹中。

在回归中,计算机使用先前的(标记的)数据来预测未来。天气应用是回归的典型例子。使用天气的历史数据(即平均气温、湿度和降水量),手机天气预报 App 可以利用当前天气数据对未来一定时间内的天气进行预测。

6.2.2 无监督学习

无监督学习(unsupervised learning)又称归纳性学习,是通过循环和递减运算来减小误差,以达到分类的目的。在无监督学习中,数据是无标记的。由于大多数真实世界的数据都没有标记,这样的算法就特别有用。无监督学习分为聚类和降维两种类型。聚类是根据属性和行为对对象进行分组。这与分类不同,因为这些分组不是按照预先确定的划分标准形成的。聚类的一个例子是将消费者划分成不同的群体,然后将划分结果应用到有针对性的营销方案中。降维是通过找到数据的共同点来减少数据集的变量。大数据可视化通常使用降维来识别趋势和规则。

6.2.3 强化学习

强化学习使用机器自身的历史和经验来做出决定,其经典应用是玩游戏。与监督学习和无监督学习不同,强化学习不提供正确的答案或输出。它只关注性能,这反映了人类根据积极和消极的结果进行学习这一特征。例如,一台会下棋的计算机可以通过失败学会不把它的国王移到对手的棋子可以进入的空间。这样的"教训"会不断扩展,直到计算机能够击败人类顶级高手为止。

机器学习使用特定的算法和编程方法来实现人工智能。有了机器学习,编程代码量将大为缩减。作为机器学习的一种类型,深度学习专注于模仿人类大脑最基本的认知过程。

6.3 机器学习的算法

学习是一项复杂的智能活动,学习过程与推理过程是紧密相连的。学习中所用的推理越多,系统的能力越强。要完全理解大多数机器学习算法,需要对一些关键的数学概念有基本的理解,这些概念涉及的数学知识分类如图6-4所示。

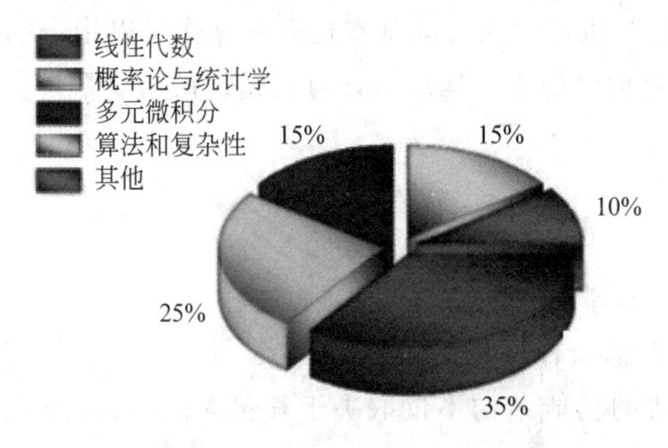

图6-4 机器学习涉及的数学知识分类

6.3.1

下面列举一些关键的数学概念:

- 线性代数:矩阵运算、特征值、特征向量、向量空间和范数。
- 统计学:贝叶斯定理、组合学、抽样方法。
- 微积分:偏导数、向量值函数、方向梯度。

6.3.1 专注于学习能力

机器学习专注于让人工智能系统具备学习任务的能力,使人工智能系统能够利用数据来"教"自己。这一目标是通过机器学习算法来实现的。这些算法是人工智能系统的学习行为所依据的模型。机器学习算法与训练数据集一起使人工智能系统能够学习。

例如,学习如何识别猫与狗的照片时,人工智能系统将机器学习算法建立的模型应用于包含猫和狗图像的数据集。随着时间的推移,人工智能系统将学会如何更准确、更轻松地识别狗与猫而无须人工干预。

1. 机器学习算法的特征与要素

算法能够对符合一定规范的输入,在有限时间内获得要求的输出。如果一个算法有缺陷,或者不适用于某个问题,执行这个算法就不会解决这个问题。不同的算法可能用不同的时间、空间或效率来完成同样的任务。

一个算法应该具有以下5个重要特征:

(1) 有穷性。算法必须能在执行有限个步骤之后终止。

(2) 确切性。算法的每一步骤必须有确切的定义。

(3) 输入项。一个算法有0个或多个输入,以刻画运算对象的初始情况。0个输入是指算法本身给出了初始条件。

(4) 输出项。一个算法有一个或多个输出,以反映对输入数据进行加工后的结果。没有输出的算法是毫无意义的。

(5) 可行性。也称为有效性。算法中执行的任何计算步骤都可以被分解为基本的可执行的操作步骤,即每个计算步骤都可以在有限时间内完成。

算法有以下两个要素:

(1) 数据对象的运算和操作。计算机可以执行的基本运算和操作是以指令的形式描述的。一个计算机系统能执行的所有指令的集合构成该计算机系统的指令系统。一个计算机的基本运算和操作有如下 4 类:

① 算术运算:加、减、乘、除运算。

② 逻辑运算:与、或、非运算。

③ 关系运算:大于、小于、等于、不等于运算。

④ 数据传输操作:输入、输出、赋值操作。

(2) 算法的控制结构。一个算法的功能结构不仅取决于其包含的操作,而且还与各操作之间的执行顺序有关。

2. 算法的评价

同一问题可以用不同算法解决,而算法的质量优劣将影响算法乃至程序的效率。算法评价的目的在于选择合适的算法和改进算法。算法评价主要从时间复杂度和空间复杂度来考虑:

(1) 时间复杂度。是指执行算法所需要的计算工作量。一般来说,计算机算法是问题规模的正相关函数。

(2) 空间复杂度。是指算法需要消耗的内存空间。其计算和表示方法与时间复杂度类似,一般都用复杂度的渐近性来表示。同时间复杂度相比,空间复杂度的分析要简单得多。

(3) 正确性。是评价一个算法优劣的最重要的标准。

(4) 可读性。是指一个算法可供人们阅读的容易程度。

(5) 健壮性。是指一个算法对不合理数据输入的判断能力和处理能力,也称为容错性。

6.3.2 回归算法

6.3.2

回归算法(图 6-5)是最流行的机器学习算法,它以速度而闻名,是快速的机器学习算法之一。线性回归算法是基于连续变量预测特定结果的监督学习算法,Logistic 回归算法专门用来预测离散值。

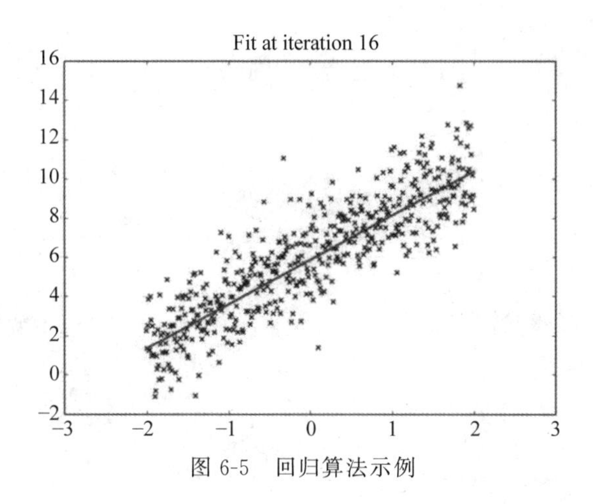

图 6-5 回归算法示例

6.3.3 基于实例的算法

最著名的基于实例的算法是 k-最近邻(k-nearest neighbor)算法，也称为 KNN 算法，它是机器学习中比较基础和简单的算法之一，既能用于分类，也能用于回归。KNN 算法有一个十分特别的地方：它没有一个显式的学习过程。它的工作原理是：利用训练数据集对特征向量空间进行划分，并将划分的结果作为最终的算法模型，即，基于实例的分析，使用数据的特定实例来预测结果。KNN 算法用于分类时将比较数据点的距离，并将每个点划入与它最接近的组。

6.3.4 决策树算法

决策树算法将一组弱学习器集合在一起，形成一种强算法，这些弱学习器组织为树状结构，有层次地相互关联。一种流行的决策树算法是随机森林算法。在该算法中，弱学习器是随机选择的，通过学习往往可以获得一个强预测器。

在图 6-6 所示的例子中，可以发现许多共同的特征(例如眼睛是蓝色的或者不是蓝色的)，它们都不足以单独识别动物。然而，当把所有观察的结论结合在一起时，就能形成一个更完整的画面，并做出更准确的预测。

6.3.5 贝叶斯算法

事实上，前面介绍的算法都是基于贝叶斯理论的，最流行的算法是朴素贝叶斯算法，它经常用于文本分析。例如，大多数垃圾邮件过滤器使用贝叶斯算法，它们使用用户输入的类标记数据来比较新数据并对其进行适当分类。

6.3.6 聚类算法

聚类算法的重点是发现元素之间的共性并对它们进行相应的分组，常用的聚类算法是 k-平均聚类算法。在该算法中，分析人员选择簇数(以变量 k 表示)，并根据物理距离将元素分为适当的簇。

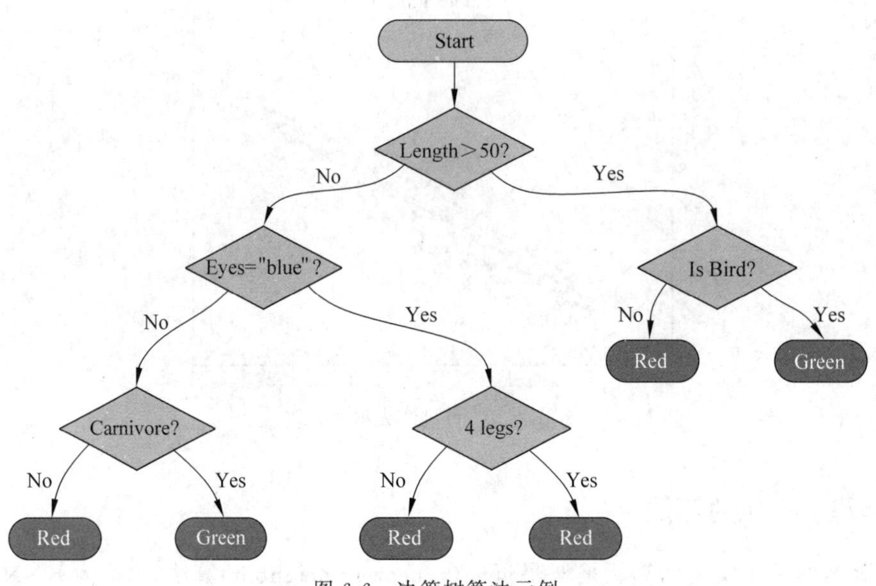

图 6-6 决策树算法示例

6.3.7 神经网络算法

神经网络算法基于生物神经网络的结构。深度学习采用神经网络模型并对其进行更新。它们是大、且极其复杂的网络，使用少量的标记数据和大量的未标记数据。神经网络和深度学习有许多输入，它们经过几个隐藏层后才产生一个或多个输出。这些连接形成一个特定的循环，模仿人脑处理信息和建立逻辑连接的方式。此外，随着算法的运行，隐藏层往往变得更小、更细微。

一旦选定了算法，还有一个非常重要的步骤，就是可视化和输出结果。虽然与算法编程的细节相比，这看起来比较简单，但是，如果没有人能够理解算法的结果，那么算法即使有惊人的洞察力又有什么用呢？

6.4 机器学习的基本结构

机器学习的基本流程是：数据预处理→模型学习→模型评估→新样本预测。机器学习与人脑思考过程的对比如图 6-7 所示。

6.4.0

在机器学习系统的基本结构中，环境向系统的学习部分提供某些信息，学习部分利用这些信息修改知识库，以增进系统执行部分完成任务的效能；执行部分根据知识库完成任务，同时把获得的信息反馈给学习部分。在具体的应用中，环境、知识库和执行部分决定了工作内容，确定了学习部分需要解决的问题。

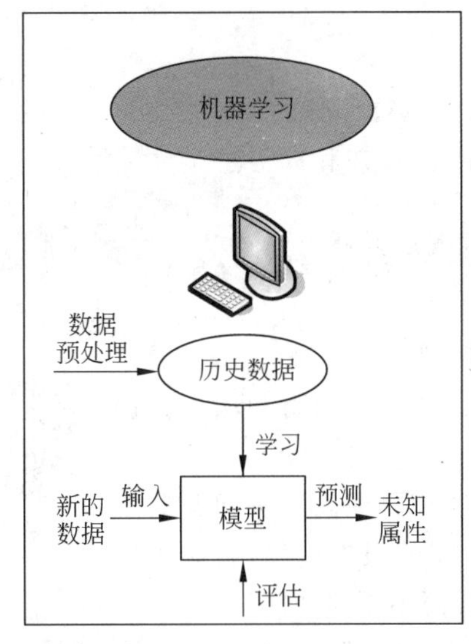

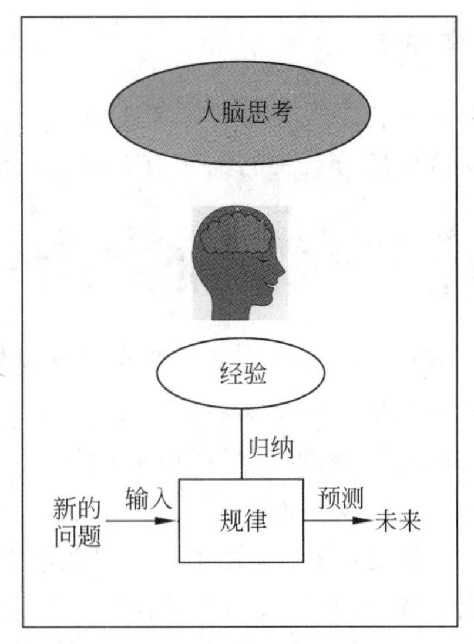

图 6-7 机器学习与人脑思考过程的对比

1. 环境

环境向系统提供的信息,更具体地说是信息的质量,是影响机器学习系统设计的最重要的因素。知识库里存放的是指导执行部分动作的一般原则,但环境向机器学习系统提供的信息却是各种各样的。如果信息的质量比较高,与一般原则的差别比较小,则学习部分比较容易处理;如果环境向机器学习系统提供的是杂乱无章的信息,则机器学习系统需要在获得足够数据之后删除不必要的细节,进行总结推广,形成指导动作的一般原则,放入知识库,这样学习部分的任务就比较繁重,设计起来也较为困难。

因为机器学习系统获得的信息往往是不完全的,所以它所进行的推理并不完全是可靠的,它总结出来的规则可能正确,也可能不正确,这要通过执行效果加以检验。正确的规则能使系统的效能提高,应予保留;不正确的规则应予修改或从数据库中删除。

2. 知识库

知识库是影响学习系统设计的第二个因素。知识库中知识的表示有多种形式,例如特征向量、一阶逻辑语句、产生式规则、语义网络和框架等。这些表示形式各有其特点,在选择表示形式时要兼顾以下 4 个方面:

(1) 表达能力强。

(2) 易于推理。

(3) 容易修改知识库。

(4) 知识表示易于扩展。

机器学习系统不能在没有任何知识的情况下凭空获取知识,每一个机器学习系统都要求具有某些知识理解环境提供的信息,分析比较,做出假设,检验并修改这些假设。因此,更确切地说,机器学习系统是对现有知识的扩展和改进。

3. 执行部分

执行部分是整个机器学习系统的核心，因为执行部分的动作就是学习部分力求改进的动作。同执行部分有关的问题有 3 个：复杂性、反馈和透明性。

6.5 机器学习的应用

6.5.0

机器学习有巨大的潜力来改变和改善世界，使社会正朝着真正的人工智能迈进一大步。机器学习的主要目的是为了从使用者和输入数据等处获得知识或技能，重新组织已有的知识结构，使之不断改善自身的性能。从而可以减少错误，帮助人们解决更多问题，提高解决问题的效率。它是人工智能的核心，是使计算机具有智能的根本途径，其应用遍及人工智能的各个领域，它主要使用归纳、综合而不是演绎。

例如，机器翻译中最重要的过程是学习人类怎样翻译语言，程序通过阅读大量翻译内容来实现对语言的理解。以将汉语译为日语为例，机器学习的原理很简单。当汉语材料中一个相同的词在几个句子中出现时，只要通过对比相应的日语版本中同样在每个句子中都出现的词，便可知道这个汉语词对应的日语词是什么（图 6-8），按照这种方式不难推测：

（1）“产品经理”可翻译为“マネージャー”。

（2）“经理”可翻译为“社长”。

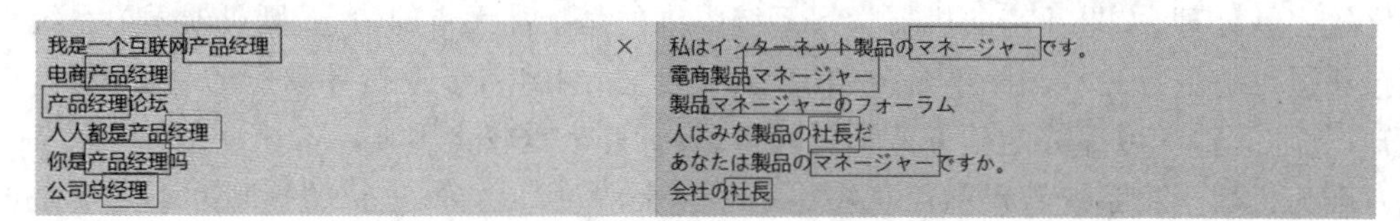

图 6-8　机器翻译中的机器学习示例

机器学习在识别词汇时可以不追求完全匹配，只要匹配达到一定比例，便可认为这是一种可能的翻译方式。机器学习已经有了十分广泛的应用。本节介绍机器学习的 3 个比较新的应用领域。

6.5.1 应用于物联网

物联网（Internet of Things，IoT）是指联网的物品，例如智能灯泡（图 6-9）。随着机器学习的发展，可以嵌入物联网的物品比以往任何时候都更聪明、更复杂。机器学习在物联网中有两个主要的应用：使联网设备变得更好和收集用户的数据。让设备变得更好是非常简单的：使用机器学习来个性化用户的环境。例如，用面部识别软件来感知人进入了哪个房间，并相应地调整这个房间温度。收集数据更加简单，通过在用户的家中保持网络连接的设备，可以收集关键的人口统计信息，将其传递给广告商，例如用户正在观看的电视节目、用户什么时候醒来或睡觉、用户家庭有多少人。

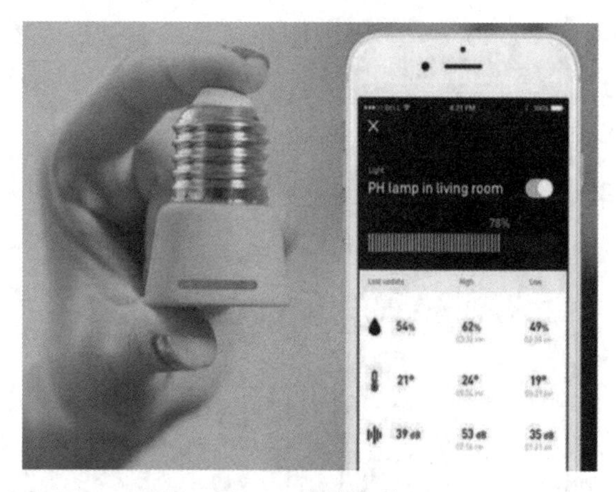

图 6-9　智能灯泡

6.5.2　应用于聊天机器人

在过去的几年里，聊天机器人数量激增。由于聊天机器人采用了成熟的语言处理算法，因此每天都会有所改进。聊天机器人被许多公司用在它们自己的移动应用程序和第三方应用上，例如 Slack（图 6-10），以提供比传统的客户服务人员更快速、更高效的虚拟客户服务。

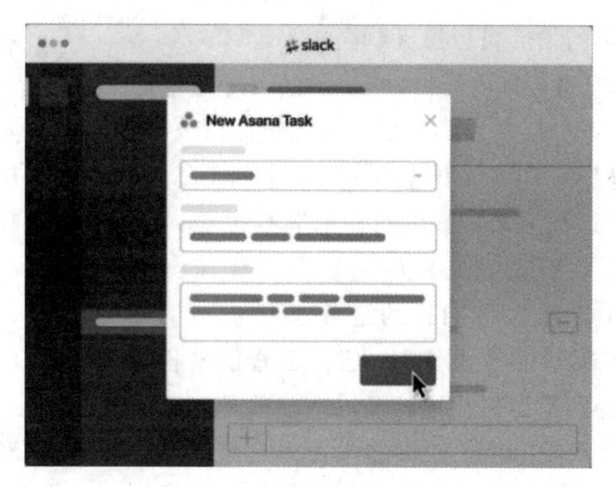

图 6-10　聊天机器人 Slack

6.5.3　应用于自动驾驶

如今，有不少大型企业正在开发自动驾驶汽车（图 6-11），这些汽车使用了通过机器学习实现导航、维护和安全程序的技术。一个例子是交通标志传感器，它使用监督学习算法来识别和解析交通标志，并将它们与一组有标记的标准标志进行比较。这样，汽车就能看到停车标志，并认识到它实际上意味着停车，而不是转弯、单向路或人行横道。

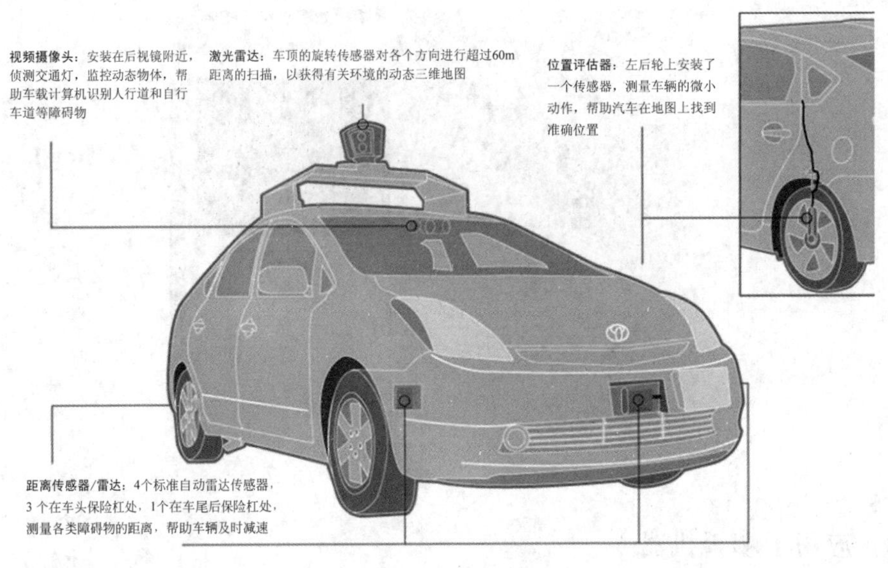

图 6-11　自动驾驶汽车

【作　业】

1. 机器学习最早的发展可以追溯到(　　)。

A. 英国数学家贝叶斯在 1763 年提出的贝叶斯定理

B. 1950 年计算机科学家图灵设计的图灵测试

C. 1952 年亚瑟·塞缪尔创建的一个简单的下棋游戏程序

D. 1963 年唐纳德·米奇推出的强化学习的 tic-tac-toe(井字棋)程序

2. 学习是人类的一种重要的智能行为，社会学家、逻辑学家和心理学家对学习各有其不同的定义。关于机器学习，合适的定义是(　　)。

A. 兰利的定义："机器学习是一门人工智能的科学，该领域的主要研究对象是人工智能，特别是如何在经验学习中改善具体算法的性能"

B. 汤姆·米切尔的定义："机器学习是对能通过经验自动改进的计算机算法的研究"

C. Alpaydin 的定义："机器学习是利用数据或以往的经验优化计算机程序的性能标准"

D. A、B 和 C

3. 机器学习的核心是：使用(　　)解析数据，从中学习，然后对世界上的某件事情做出决定或预测。

A. 程序　　　　B. 函数　　　　C. 算法　　　　D. 模块

4. 有 3 种主要类型的机器学习：监督学习、无监督学习和(　　)学习，它们各有特点。

A. 重复　　B. 强化　　C. 自主　　D. 优化

5. 监督学习的主要类型是(　　)。

A. 分类和回归　　B. 聚类和回归　　C. 分类和降维　　D. 聚类和降维

6. 无监督学习又称归纳性学习,分为(　　)。

A. 分类和回归　　B. 聚类和回归　　C. 分类和降维　　D. 聚类和降维

7. 强化学习使用机器的个人历史和经验来做出决定,其经典应用是(　　)。

A. 文字处理　　B. 数据挖掘　　C. 游戏娱乐　　D. 自动控制

8. 要完全理解大多数机器学习算法,需要对一些关键的数学概念有基本的理解。机器学习使用的数学知识主要包括(　　)。

A. 线性代数　　B. 微积分　　C. 概率和统计　　D. A、B和C

9. 机器学习的各种算法都是基于(　　)理论的。

A. 贝叶斯　　B. 回归　　C. 决策树　　D. 聚类

10. 在机器学习的具体应用中,(　　)决定了机器学习系统基本结构的工作内容,确定了学习部分需要解决的问题。

A. 环境　　B. 知识库　　C. 执行部分　　D. A、B和C

【研究性学习】 什么是机器学习,举例说明机器学习的应用

小组活动:通过网络搜索,了解更多机器学习的知识。讨论和加深理解什么是机器学习,举例说明机器学习的应用。

记录:请记录小组讨论的主要观点,推选代表在课堂上简单阐述你们的观点。

评分规则:若小组汇报得5分,则小组汇报代表得5分,其余同学得4分,以此类推。

____

____

____

____

____

实训评价(教师):______________________________

____

第7章 神经网络与深度学习

7.1 动物的中枢神经系统

每当开始一项新的活动时，应该先了解是否已经存在现成的解决方案。例如，假设在1902年，即莱特兄弟成功进行飞行实验的前一年，你突发奇想要设计一个人造飞行器。你首先应该注意到，在自然界，飞行的"机器"实际上是存在的(鸟)。你由此得到启发，你的飞机设计方案中可能要有两个大翼。同样，如果你想设计人工智能系统，那就要学习并分析地球上最自然的智能系统之一，即人脑的神经系统(图7-1)。

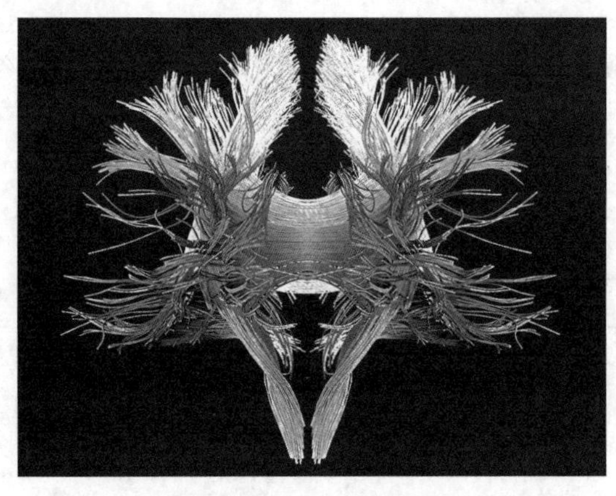

图7-1 人脑的神经系统

7.1.0

动物的中枢神经系统由神经元(或称神经细胞)组成。和所有细胞一样，神经具有含DNA(脱氧核糖核酸，细胞可以通过DNA复制的过程简单地复制遗传信息)的细胞核及含其他物质的细胞膜；与其他大多数细胞不同，神经的体积要大得多。神经元能够将从脚趾接收到的感觉印象经由脊柱传至全身。例如，长颈鹿颈部的神经元能够伸展至其身体的每个角落。神经元一般由3部分组成：细胞体、树突和轴突。细胞体是细胞的主体，也是细胞核所在；树突为较短的分支细丝，接收来自其他神经元的信号；轴突为单一的长条形分支，将信号传输至其他神经元。一个神经元的轴突与另一个神经元的树突之间的连接部位被称为突触(图7-2)。

神经元在受到刺激时被激活，并沿轴突传导冲动。神经冲动要么存在，要么不存在，无信号强弱之分。其他神经元的信号决定了神经元发送自身信号的可能性。这些来自其他神经元的信号可能提高或降低自身信号的发送概率，也能够改变自身信号的作用效果。有一部分神经元，除非接收到其他信号，否则自身不会发送信号；也有一部分神经元会不断重复发送信号，直到受到其他信号的干扰。以前的研究认为神经元是一种简单的装置，它将所有信号叠加，只要总数超过阈值就会被激活，然而，人们逐渐意识到它们的能力其实远超于此。

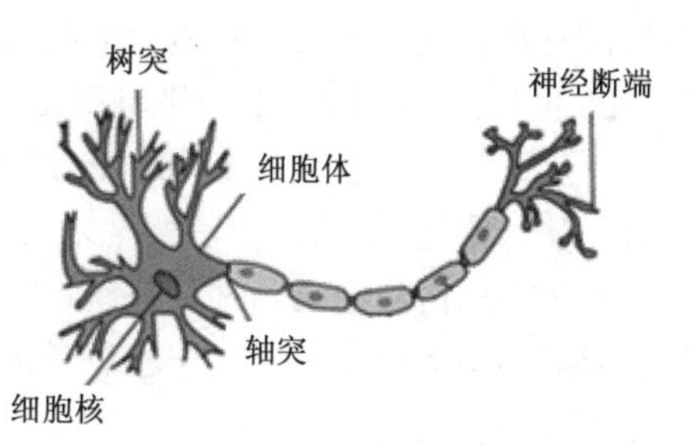

图 7-2 生物神经元的基本构造

人脑是一种适应性系统，必须对变幻莫测的事物做出反应，而学习是通过修改神经元之间连接的强度来进行的。现在，生物学家和神经学家已经了解了在生物中个体神经元是如何相互交流的。动物神经系统由数以千万计的互连神经元组成，而对于人类，这个数字达到上千亿。然而，并行的神经元集合如何形成功能单元仍然是一个谜。

电信号通过树突流入细胞体。细胞体是进行“数据处理”的地方。当存在足够的应激反应时，神经元就被激发了。换句话说，它发送一个微弱的电信号(以毫瓦为单位)到轴突上。神经元通常只有一个轴突，但会有许多树突。足够的应激反应指的是电信号总值超过预定的阈值。电信号流经轴突，直接到达神经断端。两个神经元之间实际上有一个小的间隙，这个间隙充满了导电流体，允许神经元间电信号的流动。脑激素(或摄入的药物，如咖啡因)会影响其电导率。

7.2 了解人工神经网络

人工神经网络(Artificial Neural Network，ANN)简称神经网络，是指以人脑和神经系统为模型的机器学习算法。如今，人工神经网络从股票市场预测到汽车的自主控制，在模式识别、经济预测和许多其他应用领域都有突出的应用表现。

人脑由大约1000亿个神经元组成，这些神经元复杂地互连。一些神经元与另一些相邻的神经元通信，这些相邻的神经元再与数千个神经元共享信息。人工智能研究人员就是从这种自然典范中汲取灵感，设计了人工神经网络。

7.2.1 人工神经网络的研究

与人脑神经系统类似，人工神经网络通过改变权重以呈现出相同的适应性。在监督学习的ANN范式中，学习规则承担了这个任务，监督学习通过比较网络的表现与希望的响应，相应地修改系统的权重。ANN主要有3种学习规则，即感知器学习、增量和反向传播。反向传播规则具有处理多层网络的能力，在许多应用中取得了广泛的成功。

7.2.1

熟悉各种网络架构和学习规则还不足以保证模型的成功，还需要知道如何对数据进行编码、网络培训应持续多长时间,以及在网络无法收敛时应如何处理。

20世纪70年代,人工网络研究进入了停滞期。资金不足导致这个领域少有新成果产生。美国物理学家约翰·霍普菲尔德在这个领域的研究重新激起了人们对这一领域的热情。他的模型(即霍普菲尔德网络)已被广泛应用于优化。

在了解(并模拟)动物神经系统的行为的基础上,美国的麦卡洛克和皮茨开发了人工神经元的第一个模型。对应于生物神经网络的神经元,人工神经网络的人工神经元采用了以下4个要素:

(1) 细胞体,对应于神经元的细胞体。

(2) 输出通道,对应于神经元的轴突。

(3) 输入通道,对应于神经元的树突。

(4) 权重,对应于神经元的突触。

其中,权重(实值)扮演了突触的角色,模拟生物突触的电导率,用于调节一个人工神经元对另一个人工神经元的影响程度,控制着输入对单元的影响。人工神经元模仿了神经元的结构。

未经训练的人工神经网络模型很像新生儿:它们被创造出来的时候对世界一无所知,只有通过接触这个世界,也就是学习知识,才会慢慢提高它们的认知程度。人工神经网络算法通过数据体验世界——人们试图通过相关数据集训练人工神经网络,来提高其认知程度。

实际神经元运作时要积累电势能,当能量超过特定值时,突触前神经元会经轴突放电,继而刺激突触后神经元。人类有着数以千亿计的相互连接的神经元,其放电模式无比复杂。哪怕是最先进的人工神经网络也难以比拟人脑的能力,因此,神经网络在短时期内还无法模拟人脑的功能。

7.2.2 典型的人工神经网络

7.2.2

人工神经网络是一种模仿生物神经网络(动物的中枢神经系统,特别是大脑)的结构和功能的数学模型或计算模型,用于对函数进行估计或近似计算。大多数情况下,人工神经网络能在外界信息的基础上改变内部结构,是一种自适应系统。

作为一种非线性统计性数据建模工具,典型的人工神经网络具有以下3个部分:

(1) 结构:指定网络中的变量及其拓扑关系。例如,人工神经网络中的变量可以是人工神经元连接的权重和人工神经元的激励值。

(2) 激励函数:大部分人工神经网络模型具有一个短时间尺度的动力学规则,以定义人工神经元如何根据其他人工神经元的活动改变自己的激励值。一般激励函数依赖于人工神经网络中的权重(即该人工神经网络的参数)。

(3) 学习规则:指定人工神经网络中的权重如何随着时间推进而调整。这一般被看作一种长时间尺度的动力学规则。一般情况下,学习规则依赖于人工神经元的激励值,它也可能依赖于监督者提供的目标值和当前权重的值。

7.2.3 类脑计算机

7.2.3

平均来说，人脑包含大约1000亿个神经元，每个神经元又平均与7000个其他神经元相连。假设人类思维源于大脑的运作，不难想象能够匹配人脑的计算机应该有多强大。每个突触传递一次信号需要一个基本操作，这样的操作每秒大约需要进行1000次，也就是整个人脑需要每秒进行10^{17}次操作。假设处理器可以实现每秒10^{11}次操作，至少需要100万个这样的处理器才能够与人脑相当。然而，计算机硬件性能每18个月就能提高一倍，这意味着大约每10年处理器的速度就可以提高到原来的100倍。在30年里，处理器的计算能力就有望与人脑相匹敌。

拥有速度更快的计算机也无法立即实现人工智能，因为人们还需要了解如何编程。或许可以模拟神经元进行编程，毕竟这已经被证明是可行的了。

目前使用的人工神经元比人类神经元简单，它们接收数以千计的输入，并对其进行叠加，如果总输入值超过阈值则被激活。每一次输入都被设置一个权重，以决定任何一次输入对总输入值的作用效果。如果权重为负值，则人工神经元的激活将被抑制。

这些人工神经元可以用于构建计算机程序，但它们比目前使用的语言更复杂。不过，可以模拟大脑将它们大量组合成群，并且改变所有输入的权重，然后根据需求管理整个系统，而不必弄清其工作原理。

可以将这些人工神经元排列在至少3层的结构中(图7-3)，在某些情况下可以多达30层，每一层都含有众多人工神经元，可能多达几千个。因此，一个完整的人工神经网络可能含有10万个或更多的人工神经元，每个人工神经元接收来自前一层其他人工神经元的输入，并将信号发送给后一层的所有人工神经元。向第一层注入信号并解释最后一层发出的信号，以此来进行操作。

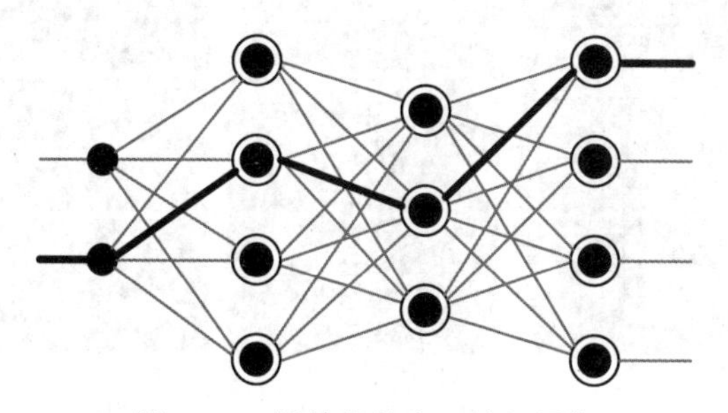

图7-3 3层结构的人工神经网络

7.2.4 利用人工神经网络理解图片

7.2.4

支持图像识别技术的通常是深度人工神经网络。如图7-4所示，借助于特征可视化这个强大工具，能帮助人们理解人工神经网络究竟是怎样识别图像的。现在，计算机视觉模型中每一层所检测的东西都可以可视化。经过一层层神经网络的传递，逐渐对图像进行抽象：先探测图像的边缘，然后用这些边缘来检测纹理，再用纹理检测模式，最后用模式检测物体的部分。

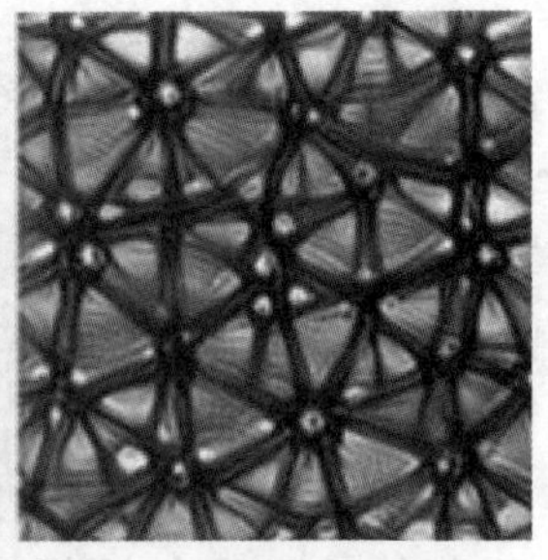

特征可视化：通过生成示例来回答有关人工神经网络或人工神经网络的一部分正在寻找的问题

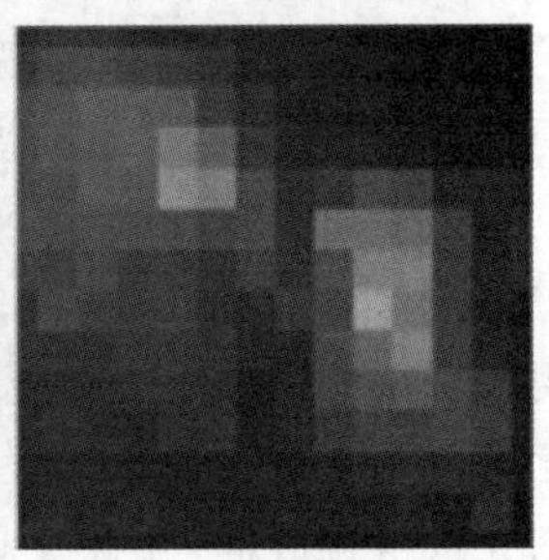

归因：研究一个例子的哪个部分负责人工神经网络激活方式

图 7-4　人工神经网络的特征可视化

图 7-5 是 ImageNet（一个用于视觉对象识别软件研究的大型可视化数据库项目）训练的 GoogleNet 的特征可视化图，可以从中看出它的每一层是如何对图片进行抽象的。

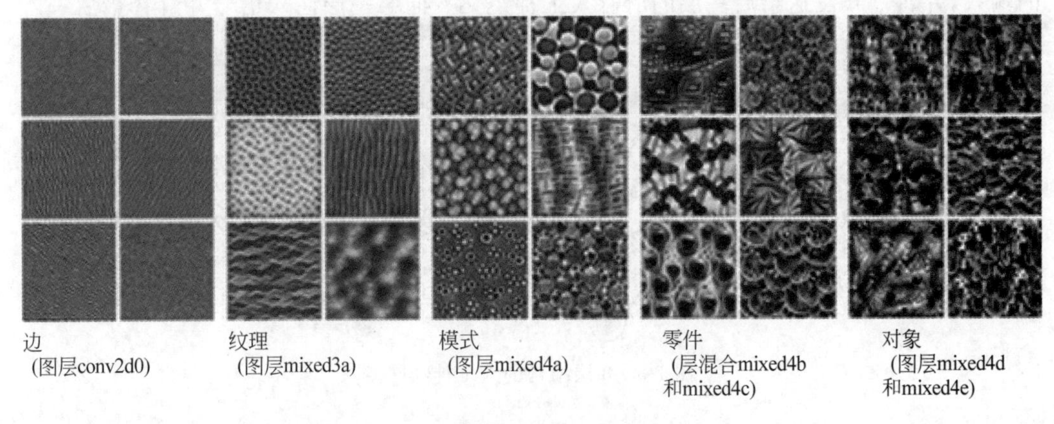

图 7-5　训练用的特征可视化图

在人工神经网络处理图像的过程中，单个人工神经元不能理解任何东西，它们需要协作。所以，我们也需要理解它们彼此之间如何交互。通过在神经元之间插值，使神经元之间彼此交互。图 7-6 就展示了两个人工神经元是如何共同表示图像的。

在进行特征可视化时，得到的结果通常会布满噪点和无意义的高频图案。要更好地理解人工神经网络模型是如何工作的，就要避开这些高频图案。这时所用的方法是进行

图 7-6　两个人工神经元共同表示图像

预先规则化,或者说约束、预处理。

当然,了解人工神经网络内部的工作原理,也是增强人工智能可解释性的一种途径,而特征可视化正是其中一个很有潜力的研究方向。人工神经网络已经得到了广泛应用,解决了控制、搜索、优化、函数近似、模式关联、聚类、分类和预测等领域的问题。

例如,将人工神经网络应用在控制领域中,给设备输入数据,就会产生所需的输出。例如雷克萨斯豪华系列汽车的尾部配备了后备摄像机,声呐设备和人工神经网络可以自动联合完成停车。实际上,这是一个所谓反向问题的例子,汽车的路线是已知的,要计算的是需要的力以及方向盘的转角。正向识别的一个示例是机器人手臂控制(所需的力已知,必须识别动作)。在任何智能系统中,搜索都是一个关键部分,可以将人工神经网络应用于搜索。

人工神经网络的主要缺点是其不透明性,换句话说,它们不能解释结果。有一个研究领域是将人工神经网络与模糊逻辑结合起来,生成神经模糊网络,这个网络具有人工神经网络的学习能力,同时也具有模糊逻辑的解释能力。

7.2.5　训练人工神经网络

7.2.5

起初,人工神经网络产生的结果是杂乱无章的,因为人们还没有给予其具体操作的指令。因此,应该为其提供大量数据,并十分清楚人工神经网络应该给出怎样的反馈。如果要解决的问题是观察战场的照片,判断其中是否存在坦克,可以拿几千张或有或没有坦克的照片,将其输入人工神经网络的第一层,然后,调整所有人工神经元的输入权重,使最后一层的输出更接近正确答案。其中涉及复杂的数学运算,但可以通过自动化程序解决,接着,不断重复这一过程,成百上千次地展示每一张训练照片。慢慢地,人工神经网络犯错误的概率将逐渐降低,直到每次都能做出正确应答为止。一旦训练完成,就可以开始提供新的照片。如果选择的训练数据足够严谨,训练周期足够长,人工神经网络就能准确回答照片中是否有坦克。

训练人工神经网络的主要问题在于我们不知道人工神经网络究竟是如何得出结论的,因而无法确定它们是否真的在寻找我们想要它们寻找的答案。如果有坦克的照片都是在晴天拍摄的，而没有坦克的照片都是在雨天拍摄的，那么人工神经网络可能只是在判断我们是否需要雨伞而已。

因为人工神经网络不需要我们告诉它们如何获取答案，所以即使我们不知道它们怎样完成要做的事情，还是可以照常使用它们。识别照片中的物体只是一个例子，其他用途可能还包括预测股市走向等。只要拥有大量优质的训练数据，就可以对人工神经网络进行编程来完成相应的工作。

尽管人工神经元只是生物神经细胞的简化模型，但有趣的是人工神经网络的运作方式却与大脑相同。扫描显示大脑的某些区域对上、下、左、右移动的明暗交界十分敏感。谷歌公司训练人工神经网络来识别物体，向用户提供可爱的猫咪图片。这个人工神经网络大约有 30 层，谷歌公司表示，第一层正是通过物体的不同边缘来分析图像，程序员并没有进行过这方面的编程，这种行为是在网络综合训练中自然出现的。

7.3 基于人工神经网络的深度学习

如今，人工智能技术正发展成为一种能够改变世界的力量，其中以深度学习（deep learning，图 7-7）所取得的进步最为显著。深度学习所带来的重大技术革命甚至有可能颠覆长期以来人们对互联网技术的认知，实现技术的跨越式发展。

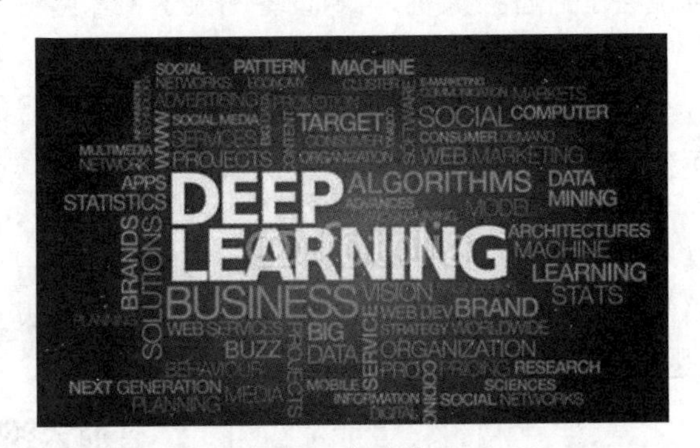

图 7-7　深度学习

7.3.1

7.3.1 深度学习的意义

从研究角度看，深度学习是基于多层人工神经网络的，以海量数据为输入，自主发现规则，自主学习的方法。深度学习所基于的多层人工神经网络并非新鲜事物，甚至在 20 世纪 80 年代还被认为没有前途。但近年来，科学家们对多层人工神经网络的算法不断加以优化，使它出现了突破性的进展。

以往很多算法是线性的，而现实世界大多数事物的特征是复杂的、非线性的。例如，猫的图像中就包含了颜色、形态、五官、光线等各种信息。深度学习的关键就是通过多层非线性映射将这些信息成功分开。

那么，为什么要采用多层结构呢？多层人工神经网络的好处在哪儿呢？简单来说，多层结构可以减少参数。因为它可以重复利用中间层的计算单元。还是以识别猫作为例子。它可以学习猫的分层特征：最底层从原始像素开始，刻画局部的边缘和纹理；中间层对各种边缘进行组合，描述不同类型的猫的器官；最高层描述的是整个猫的全局特征。

深度学习需要具备超强的计算能力，同时还需要不断有海量数据的输入。特别是在信息表示和特征设计方面，过去大量依赖人工，严重影响有效性和通用性。深度学习则彻底颠覆了“人造特征”的范式，开启了数据驱动的表示学习范式，即从由数据中自提取特征，自主发现规则，进行自主学习。

也可以说，过去人们对经验的利用靠自己完成；而在深度学习中，经验以数据形式存在，因此，深度学习就是关于在计算机上从数据中产生模型的算法，即深度学习算法。

那么大数据以及各种算法与深度学习有什么区别呢？

过去的算法模式在数学上被认为是线性的，x 和 y 的关系是对应的，它是一种以函数来体现的映射。但这种算法在海量数据面前遇到了瓶颈。国际上著名的 ImageNet 图像分类大赛原来采用传统算法，识别错误率一直降不下去；采用深度学习后，识别错误率大幅降低。在 2010 年，获胜的系统只能正确标记 72%的图片。到了 2012 年，多伦多大学的杰夫·辛顿利用深度学习的新技术，带领团队实现了 85%的识别准确率。在 2015 年的 ImageNet 大赛上，一个深度学习系统以 96%的识别准确率第一次超过了人类（人类平均有 95%的识别准确率）。

计算机识别图像的能力已经超过了人，尤其在图像和语音等复杂应用方面，深度学习技术展现了优越的性能。这就是思路的革新。

7.3.2 深度学习的方法

7.3.2

本节通过几个例子来了解深度学习的方法。

示例 1：识别正方形

先从一个简单例子开始（图 7-8），从概念层面上解释究竟发生了什么事情。我们来试试如何从多个形状中识别正方形。

首先检查图中是否有 4 条线（简单的概念）。如果找到这样的 4 条线，进一步检查它们是否为相连的、闭合的和相互垂直的，并且它们是否长度相等（嵌套的概念层次结构）。

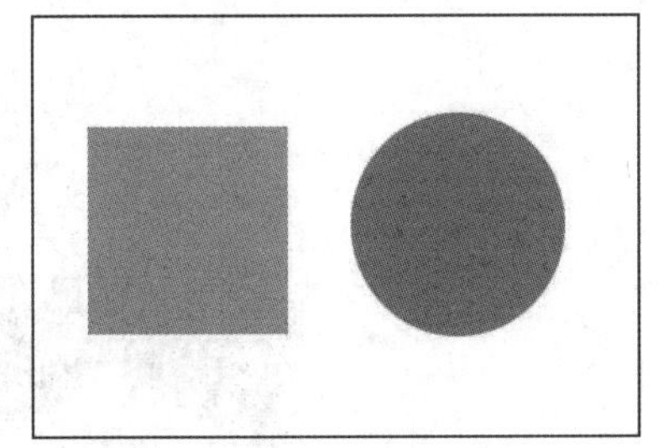
图 7-8 识别正方形

这样就完成了一个复杂的任务——识别一个正方形，并且是以简单、不太抽象的方法完成的。深度学习本质上在大规模执行类似的逻辑。

示例 2：识别猫

人们通常能用很多属性描述一个事物。其中有些属性可能很关键，很有用，另一些属性可能没什么用。在图像识别中，将属性称为特征。特征辨识是一个数据处理的过程。

用传统方法识别猫，要标注猫的各种特征：大眼睛，有胡子，有花纹。但这些特征并不足以区分猫、老虎和狗等。这种方法是由人制定规则，然后由机器学习这种规则。

深度学习的方法是：直接给人工神经网络提供100万张图片，并告诉它这里有猫；再给它百万张图片，并告诉它这里没有猫，然后训练深度人工神经网络，由它通过深度学习自己找到猫的特征，这样就可以识别猫了(图7-9)。

图7-9 图像中的猫

示例3：训练机械手学习抓取动作

实现机械手的抓取动作的传统方法是：编写程序，控制机械手移动到以x、y、z标注的空间点，再控制它实现一次抓取动作。

谷歌公司利用一个深度人工神经网络训练机器人，帮助机器人根据摄像头的输入和电机命令来预测抓取的结果，简单来说，就是训练机器人的手眼协调。机器人会观测自己的机械手，实时纠正抓取运动。机器人的所有行为都从学习中自然浮现，而不是依靠传统的系统程序(图7-10)。

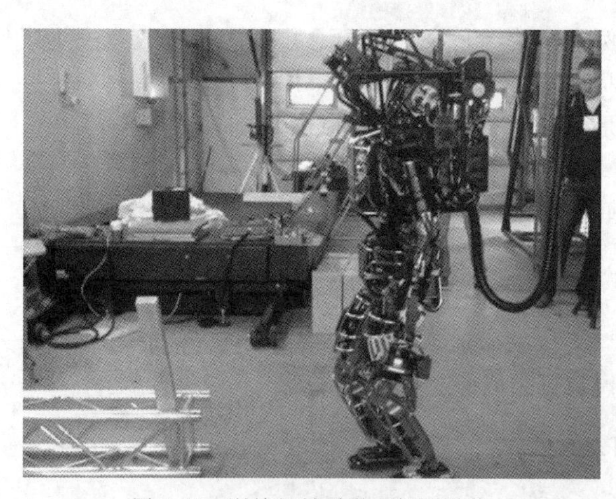

图7-10 训练机械手学习抓取动作

为了加快学习进程，谷歌公司对14个机械手同时进行训练，经过将近3000h的训练，进行了大约80万次抓取尝试后，机器人开始出现智能反应行为。有资料显示，没有受过训练的机械手，前30次抓取的失败率为34%；而训练后，失败率降低到18%。这就是一个自主学习的过程。

示例4：训练人工神经网络写文章

斯坦福大学的计算机科学博士安德烈·卡帕蒂曾用托尔斯泰的小说《战争与和平》来训练人工神经网络。每训练100次，就叫它写文章。在100次训练后，它就知道要加空格，但仍然是"胡言乱语"；在500次训练后，它能正确拼写一些短单词；在1200次训练后，它能使用标点符号并正确拼写一些长单词；在2000次训练后，它已经可以正确拼写比较复杂的语句了。

整个演化过程的道理何在？

人们写文章，知道一个完整的句子一般由主语、谓语和宾语构成，这就是规则。而在上述训练过程中，完全不用告诉人工神经网络任何语法规则，甚至连标点符号和字母的区别都不用告诉它，而只是不停地用原始数据对它反复进行训练，直到最后输出结果，也就是人看得懂的语句。

一切看起来都很有趣。人工智能与深度学习的美妙之处也正在于此。

示例5：图像深度信息采集

市面上的无人机可以实现对人的跟踪。它的原理是什么呢？一个人在图像识别系统里是一堆色块的组合。可以通过人工方式进行特征选择，例如颜色特征、梯度特征。以颜色特征为例，假如一个人穿着绿色衣服走进草丛，或者他脱了外衣混入人群，就容易跟丢。

此时，若想在这个基础上继续优化，对颜色特征进行某些调整是非常困难的，而且调整后还会出现对某些状况不适用的问题。这样的算法需要不停地迭代，同时又会影响其他的效果。

美国硅谷的一个团队利用深度学习把所有人的头部提取出来，只区分图像的前景和背景，将背景全部用数学方式随意填充，最后不断生成大量背景数据，让人工神经网络进行自主学习，只要它把前景学习出来就行。

很多传统方法采用双目视觉，用计算机完成局部匹配，再根据双目视觉测出的两个匹配结果的差距去推算空间另一个点和它的三角位置，从而判断距离。

可想而知，深度学习的出现，使得很多公司辛苦开发的软件算法直接作废了。"以算法为核心竞争力"正在转变为"以数据为核心竞争力"，我们必须站在新的起跑线前。

示例6：进行胃镜检查

胃病患者常常需要进行胃镜检查，甚至还要进行肠镜检查，而且通常小肠检查极为困难。有一家公司推出了一种胶囊摄像头(图7-11)。将摄像头吞咽下去后，它在人体消化道内每5s拍一幅图，最后再排出体外，这样就把所有关于胃部和肠道的问题完整地记录下来了。但是，医生把这些图看完就需要5h。另外，这种机器主动检测的漏检率高，还需要医生复查。

后来，这家公司采用了深度学习方法，采集了8000多幅图片，将图片数据输入胶囊摄

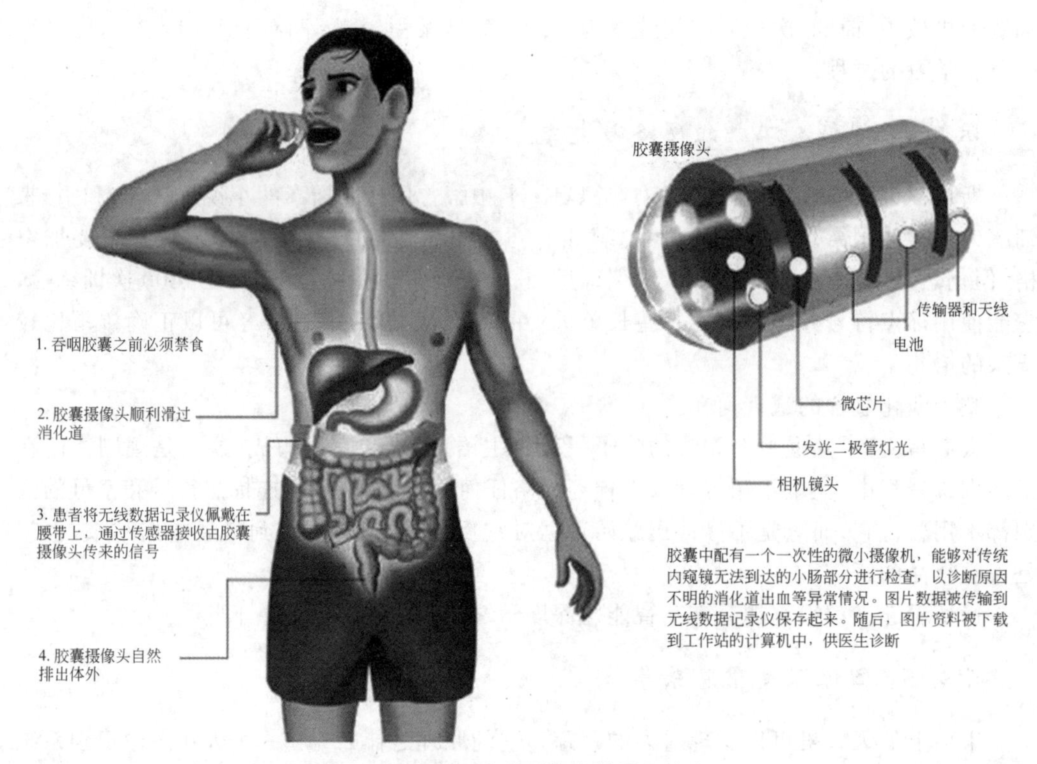

图 7-11　利用胶囊摄像头做胃肠检查

像头，由它自主学习相应的规则。这不仅使胶囊摄像头学会了主动发现问题，降低了漏检率，提高了诊断精确率，还节省了医生的诊断时间。同时，利用深度学习算法，可以学习优秀医生的诊断经验，帮助医生做出正确诊断。

7.3.3　深度学习的概念

7.3.3

深度学习是一种以人工神经网络为架构，对数据进行特征学习的算法。对深度学习可以这样定义：**“深度学习是一种特殊的机器学习，通过学习，使用嵌套的概念层次来表示现实事物并实现强大的功能和灵活性，其中的每个概念都定义为与简单概念相关联，而更为抽象的表示则以抽象程度较低的方式来计算。”**

已经有多种深度学习框架（如深度神经网络、卷积神经网络、深度置信网络和递归神经网络）被应用在计算机视觉、语音识别、自然语言处理、音频识别与生物信息学等领域并获得了极好的效果。另外，深度学习也成为人工神经网络的新方向。

通过多层处理，逐渐将初始的低层特征表示转化为高层特征表示后，用简单的模型即可完成复杂的分类等学习任务。由此，可将深度学习理解为进行特征学习或表示学习。

以往在将机器学习用于现实任务时，样本的特征描述通常需要由人类专家来完成，这称为特征工程。众所周知，特征的质量对泛化性能有至关重要的影响，人类专家设计出质量好的特征并非易事。特征学习则通过机器学习技术来产生质量好的特征，这使机器学习向全自动数据分析又前进了一步。

人工智能研究的方向之一是以专家系统为代表的、用大量 If-Then 规则定义的、自上而下的算法。人工神经网络标志着自下而上的思路，它模仿了大脑的神经元之间传递、处理信息的模式。

7.3.4 深度学习的实现

7.3.4

深度学习本来并不是一种独立的学习方法，它会利用监督学习和无监督学习方法来训练深度人工神经网络。但是，由于近几年该领域发展迅猛，一些特有的学习手段相继被提出(如残差网络)，因此越来越多的人将深度学习看成一种独立的学习方法。

最初的深度学习是利用人工神经网络来解决特征表达的一种学习过程。深度人工神经网络可大致描述为包含多个隐含层的人工神经网络结构。为了提高深度人工神经网络的训练效果，人们对人工神经元的连接方法和激活函数等作了相应的调整。如今，深度学习迅速发展，奇迹般地实现了各种任务，使得似乎所有的机器辅助功能都可能实现，无人驾驶汽车、预防性医疗保健、更好的电影推荐等都近在眼前或者即将实现。

与大脑中一个神经元可以连接一定距离内的任意神经元不同，人工神经网络具有离散的层、连接和数据传输的方向。例如，可以把一幅图像切分成图像块，输入人工神经网络的第一层；第一层的每一个人工神经元都把数据传输到第二层；第二层的人工神经元也完成类似的工作，把数据传输到第三层；以此类推，直到最后一层，最后生成结果。

以道路上的停止标志牌(图 7-12) 为例。将一个停止标志牌图像的所有元素都打碎，然后用人工神经元进行特征学习：八边形的外形、红颜色、粗体字母、交通标志的典型尺寸和静止不动的运动特性等。人工神经网络的任务就是给出结论：它到底是不是一个停止标志牌。人工神经网络会根据各项的权重，给出一个经过“深思熟虑”的猜测——概率向量。

图 7-12　停止标志牌

在这个例子里，系统可能会给出这样的结果：它有 86%的可能是一个停止标志牌，有 7%的可能是一个限速标志牌，有 5%的可能是一个风筝挂在树上，然后由训练系统告诉人工神经网络这个结论是否正确。

人工神经网络是调制、训练出来的，它时不时还是很容易出错的。它最需要的就是训练，需要成百上千幅甚至几百万幅图像来训练，直到人工神经元的输入的权值都被调制得十分精确，无论是雾天、晴天还是雨天，每次都能得到正确的结果。只有在这个时候，才可以说人工神经网络成功地自主学习到一个停止标志牌的特征了。

关键的突破在于，把这些人工神经网络从结构上显著地增大，层数非常多，人工神经元也非常多，然后给它输入海量的数据来进行训练。这样就实现了深度学习中的“深度”，也就是人工神经网络中大量的层。

现在，经过深度学习训练的图像识别系统在一些场景中甚至可以比人做得更好：从识别猫，到辨别血液中癌症的早期成分，到识别核磁共振成像中的肿瘤。谷歌公司的“阿尔法狗”先是学会了如何下围棋，然后通过与自己下棋进行训练。它训练自己的人工神经网络的方法就是不断地与自己下棋，反复地下，永不停歇。

目前，深度学习还存在以下问题：

(1) 深度学习模型需要大量的训练数据，才能展现出神奇的效果。但是，现实生活中往往会遇到小样本问题，此时深度学习方法无法展开，而传统的机器学习方法就比较适用。

(2) 有些领域的问题采用简单的机器学习方法就可以很好地解决了，没必要非得用复杂的深度学习方法。

(3) 深度学习的思想受到了人脑结构和机能的启发，但绝不是人脑的模拟。举个例子，给一个三四岁的小孩看一辆自行车之后，小孩再见到哪怕外观完全不同的自行车，也大都能认出那是一辆自行车，也就是说，人类的学习过程往往不需要大规模的训练数据，而目前的深度学习方法显然不是对人脑的模拟。

深度学习领域资深学者本吉奥有一段话讲得特别好：

Science is NOT a battle, it is a collaboration. We all build on each other's ideas. Science is an act of love, not war. Love for the beauty in the world that surrounds us and love to share and build something together. That makes science a highly satisfying activity, emotionally speaking!

这段话的大意是：**“科学不是一场战斗，而是一种建立在彼此想法上的合作。科学是一种爱，而不是战争。热爱周围世界的美丽，热爱分享和共同创造美好的事物。从情感上说，这使得科学成为一项非常令人赏心悦目的活动！”**

结合机器学习近年来的迅速发展来看本吉奥的这段话，就可以感受到其中的深意。未来哪种机器学习算法会成为热点呢？人工智能和深度学习领域资深专家吴恩达曾表示：“继深度学习之后，迁移学习将引领下一波机器学习技术。”

7.4 机器学习与深度学习的比较

接下来，对机器学习和深度学习这两种技术进行对比。

7.4.0

1. 数据依赖性

深度学习与传统的机器学习最主要的区别在于：前者随着数据规模的增加，其性能也不断提高。当数据很少时，深度学习算法的性能并不好。这是因为深度学习算法需要大量的数据进行训练。在这种情况下,传统的机器学习算法使用预先制定的规则,性能会比较好。图7-13总结了这一事实。

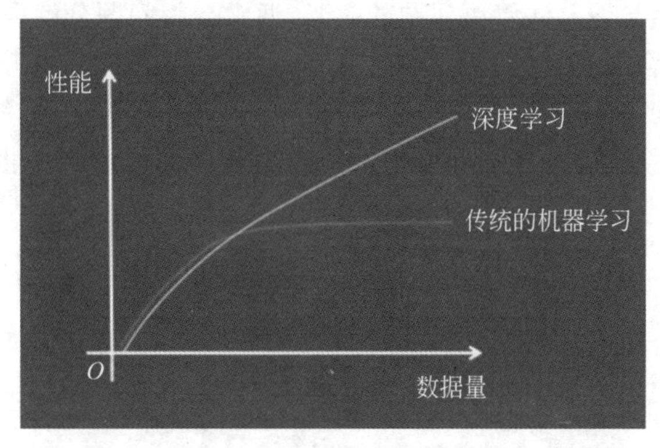

图7-13 为何采用深度学习

2. 硬件依赖

深度学习算法需要进行大量的矩阵运算,GPU(图形处理器)主要用来高效优化矩阵运算,所以GPU是深度学习正常工作的必备硬件。与传统机器学习算法相比,深度学习更依赖安装GPU的高端机器。

3. 特征处理

特征处理是将领域知识放入特征提取器以降低数据的复杂度并生成使学习算法工作得更好的模式的过程。特征处理过程很耗时,而且需要专业知识。

在机器学习中,大多数应用的特征都需要由专家确定,然后将其编码为一种数据类型。特征可以是像素值、形状、纹理、位置和方向。大多数机器学习算法的性能依赖于专家提取的特征的准确度。

深度学习尝试从数据中直接获取高等级的特征,这是深度学习与传统机器学习的主要不同。基于此,深度学习削减了对每一个问题设计特征提取器的工作。例如,卷积人工神经网络尝试在位于前边的层中学习低等级的特征(边界、线条),然后学习部分人脸,最后是高等级的完整人脸的描述(图7-14)。

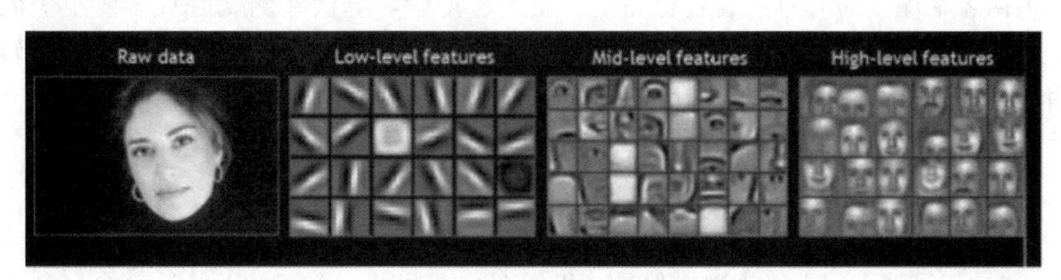

图7-14 从数据中逐步获取高等级的特征

4. 问题解决方式

当应用传统机器学习算法解决问题的时候，通常会将问题分解为多个子问题，并逐个解决子问题，最后结合所有子问题的结果，获得最终结果。相反，深度学习提倡直接以端到端的方式解决问题。

例如，一个检测多物体的任务需要识别图像中物体的类型和各物体在图像中的位置（图 7-15）。

图 7-15　识别图像中物体的类型和位置

传统机器学习会将问题分解为两步：物体检测和物体识别。首先，使用边界框检测算法扫描整张图片，找到物体可能的区域；然后，使用物体识别算法对上一步检测出来的物体进行识别。而深度学习会直接对输入数据进行运算，得到输出结果。例如，可以直接将图片传给 YOLO 网络（一种深度学习算法），YOLO 网络会识别出图片中的物体并给出其名称。

5. 执行时间

通常情况下，训练一个深度学习算法需要很长的时间。这是因为深度学习算法中参数很多，因此训练算法需要消耗更长的时间。最先进的深度学习算法 ResNet 完整地训练一次需要两周的时间。而机器学习的训练时间相对较少，只需要几秒到几小时。

但两者在测试的时间上表现得完全相反。深度学习算法在测试时只需要很短的时间。而 k-最近邻算法（一种机器学习算法）的测试时间会随着数据量的提升而大幅增加。不过，有些机器学习算法的测试时间也很短。

6. 可解释性

这一点至关重要。例如，假设使用深度学习算法自动为文章评分，可以达到接近人的标准，这是相当惊人的性能表现。但是这仍然有一个问题。深度学习算法不会解释结果是如何产生的。人们不知道人工神经元应该是什么模型，也不知道这些人工神经元组成的层要共同做什么。

为了解释为什么算法这样选择，像决策树这样的机器学习算法能够给出明确的规则，解释决策背后的推理是很容易的。因此，决策树和线性回归/逻辑回归这样的算法主要用于实现工业上的可解释性。

【作　业】

1. 如果想设计人工智能系统，就要学习并分析地球上最自然的智能系统之一，即（　　）。

A. 人脑和神经系统　　B. 人脑和五官系统
C. 肌肉和血管系统　　D. 思维和学习系统

2. 所谓人工神经网络，是指以人脑和神经系统为模型的（　　）算法。

A. 倒挡追溯　　B. 直接搜索　　C. 机器学习　　D. 深度优先

3. 如今，人工神经网络从股票市场预测到（　　）等许多应用领域都有突出的表现。

A. 汽车自主控制　　B. 模式识别
C. 经济预测　　D. A、B和C

4. 人脑是一种适应性系统，必须对变幻莫测的事物做出反应，而学习是通过修改神经元之间连接的（　　）来进行的。

A. 顺序　　B. 平滑度　　C. 速度　　D. 强度

5. 人类神经元之间的轴突-树突接触称为神经元的（　　）。

A. 突触　　B. 轴突　　C. 树突　　D. 髓鞘

6. 人脑由（　　）个神经元组成，这些神经元彼此复杂互连。

A. 1000万　　B. 1000亿　　C. 500万　　D. 500亿

7. 人工神经网络模仿生物神经网络，其中的（　　）扮演了生物神经模型中突触的角色，用于调节一个神经元对另一个神经元的影响程度。

A. 细胞体　　B. 权重　　C. 输入通道　　D. 输出通道

8. 现代人工神经网络是一种非线性统计性数据建模工具。典型的人工神经网络有3个部分，其中包括（　　）。

A. 结构　　B. 尺寸　　C. 激励函数　　D. 学习规则

9. 人工智能在图像识别方面已经超越了人类，支持图像识别技术的通常是（　　）。

A. 云计算　　B. 因特网
C. 神经计算　　D. 深度人工神经网络

10. 将人工神经网络与模糊逻辑结合起来生成（　　）网络，它既有人工神经网络的学习能力，同时也具有模糊逻辑的解释能力。

A. 模式识别　　B. 人工智能　　C. 神经模糊　　D. 自动计算

11. 从研究角度看，（　　）是基于多层人工神经网络的、以海量数据为输入的、自主发现规则、自主学习的方法。

A. 深度学习　　B. 特征学习　　C. 模式识别　　D. 自动翻译

12. 深度学习与传统的机器学习最主要的区别在于(　　),即随着数据规模的增加,深度学习的性能也不断提高。而当数据很少时,深度学习算法的性能并不好。

A. 特征处理　　B. 硬件依赖　　C. 数据依赖性　　D. 问题解决方式

【研究性学习】 了解谷歌大脑,熟悉人工神经网络的研究与应用

小组活动:通过网络搜索,了解更多关于谷歌大脑的信息,并分析它是弱人工智能还是强人工智能。讨论和深入理解什么是人工神经网络,如何进行深度学习与应用。

记录:请记录小组讨论的主要观点,推选代表在课堂上简单阐述你们的观点。

评分规则:若小组汇报得5分,则小组汇报代表得5分,其余同学得4分,以此类推。

____

____

____

____

____

实训评价(教师):______________________________

____

智能代理

8.1 什么是智能代理

大部分人工智能系统是独立和庞大的程序。尽管系统前期实验性操作取得了成功，但却无法按比例放大至可用规模，因为它将变得太大并且运作太慢。当然，也可以利用其他途径来扩大规模，然而必须以难以理解甚至无法理解作为代价。因此，人们开发了智能代理(intelligent agent)来解决这些问题。智能代理的复杂性源于不同简单程序间的相互作用。由于人工智能系统的程序本身很小，行动范围有限，所以整个系统还是能够被理解的。

8.1.0

在社会科学中，**智能代理是指一个理性并且自主的人或系统，它根据感知世界得到的信息做出举动来影响这个世界**，这一定义对计算机智能代理同样适用。代理必须理性，根据其得到的信息做出正确的决定；代理也必须自主，它的决定源于其对世界的感知及自身经历。它与世界的关系包括感知世界的过程。我们不期望智能代理能像象棋程序一样获得最完美、最完备的信息，它的一部分任务就是理解外部环境，随后做出反应。它的行为将改变外部环境，随即改变其感知，但它仍旧需要在这个已经改变的世界中持续运作。

智能代理的典型工作过程如图 8-1 所示。

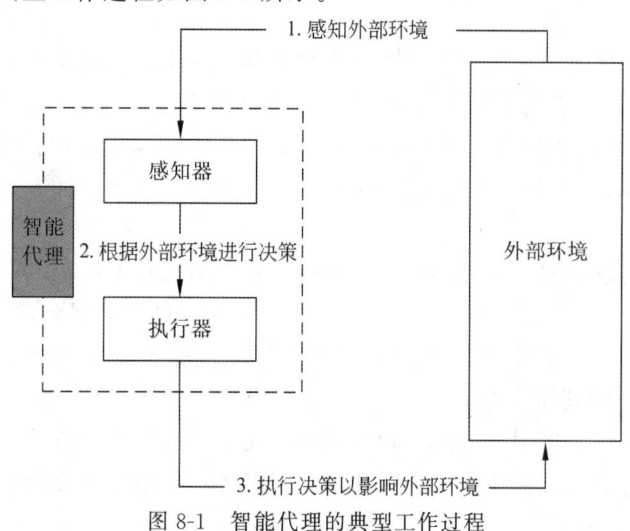

图 8-1　智能代理的典型工作过程

第一步：智能代理通过感知器收集外部环境信息。

第二步：智能代理根据外部环境做出决策。

第三步：智能代理通过执行决策来影响外部环境。

智能代理会不断重复这一过程，直到目标达成。这一过程被称为感知执行循环。

通常，广义的智能代理包括人类、物理世界中的移动机器人和信息世界中软件机器人，而狭义的智能代理则专指信息世界中的软件机器人，它是代表用户或其他程序，以主动服务的方式完成一组操作的机动计算实体，主动服务包括主动适应性服务和主动代理服务。总之，智能代理是指收集信息或提供其他相关服务的程序，它不需要人的即时干预即可定时完成任务，它可以看作利用传感器感知环境，并使用效应器作用于环境的任何实体。

8.2 智能代理的特点

智能代理又称智能体，是可以进行高级、复杂的自动处理的代理软件。它在用户没有明确的具体要求的情况下，根据用户需要，代替用户进行各种复杂的工作，如信息查询、数据筛选及管理，并能推测用户的意图，自主制订、调整和执行工作计划。智能代理可应用于广泛的领域，是信息检索领域开发智能化、个性化信息检索的重要技术之一。

8.2.0

智能代理的特点包括：

(1) 智能性。是指代理的推理和学习能力，它描述了智能代理接受用户目标指令并代表用户完成任务的能力，如理解用户用自然语言表达的对信息资源和计算资源的需求，帮助用户在一定程度上克服信息内容的语言障碍，捕捉用户的偏好和兴趣，推测用户的意图并为其代劳等。它能处理复杂的、难度高的任务，自动拒绝一些不合理或可能给用户带来危害的要求，而且具有从经验中不断学习的能力。它可以适当地进行自我调节，提高处理问题的能力。

(2) 代理性。主要是指智能代理的自主与协调工作能力。在功能上是用户的某种代理，它可以代替用户完成一些任务，并将结果主动反馈给用户。其表现为智能代理从事行为的自动化程度，即操作行为可以离开人或代理程序的干预，但代理在其系统中必须通过操作行为加以控制，当其他代理提出请求时，只有代理自己才能决定是接受还是拒绝这种请求。

(3) 移动性。是指智能代理在网络之间的迁移能力。它可以在网络上漫游到任何目标主机，并在目标主机上进行信息处理操作，最后将结果集中返回到起点，而且能随计算机用户的移动而移动。必要时，智能代理能够同其他代理和人进行交流，并且都可以从事自己的操作以及帮助其他代理和人。

(4) 主动性。能根据用户的需求和环境的变化主动向用户报告并提供服务。

(5) 协作性。能通过各种通信协议和其他智能体进行信息交流，并可以相互协调，共同完成复杂的任务。

智能代理还有一个特点，那就是学习的能力。因为它们身处现实世界，并接收行为效果的反馈，这可以让它们根据之前的决策成功与否来调整自身行为。负责行走的代理可以学习在地毯或木地板上不同的行走模式；负责预测未来股票走势的代理可以根据股价实际上涨或下跌的情况来修改其计算方法，如图 8-2 所示。

图 8-2 股市分析(未来这一工作可能将完全由人工智能来执行)

8.3 系统内的协同合作

智能代理还是一个程序，只不过人们在一个程序中设置了许多独立模块。它们甚至可以在不同计算机上运行，但依然遵循所设计的层次协同合作原理。然而，通过离散每个部分，智能代理的复杂度也大大降低，这样的程序编写和维护都更加简单。虽然整个程序很复杂，但通过系统内的协同合作，这种复杂性是可划分的，我们完全可以修改某些模块而不影响任何其他模块。

8.3.0

智能代理技术能使计算机应用趋向人性化、个性化，这些代理软件通常会在适当的时候帮助人们完成迫切需要完成的任务，如 Office 助手就是一种智能代理。在社会科学中，智能代理就是社会协同合作的模型。

手机制造企业(图 8-3)通常由好几个不同的部门组成。如研发部门设计新手机，生产部门制作手机，销售团队进行销售。营销人员需要宣传推广新手机，执行主管则要保证他们不出差错。如果企业想要获得成功，则所有各个部门都要密切沟通交流。为了设计出人们乐于购买的产品，研发部门需要市场营销方面的信息；只有与生产部门沟通，研发团队才能保证其设计是可以付诸实践的；想要在销售中获利，销售团队就必须从生产部门了解产品生产成本；销售团队需要与市场部门沟通，了解产品用户的承受能力与期望；任何时候都会有许多不同的产品设计在同时进行，生产部门也会同时制造好几种不同型号的产品；执行主管需要决定重点推广哪一种设计以及需要制作多少不同型号的产品。

如同手机制造企业一样，在人工智能领域中，多个智能代理在一个系统中协同作业，每个智能代理负责自己最擅长的工作。为了执行任务，它们需要与其他做不同工作的智能代理沟通。每个智能代理都对环境进行感知，它们的环境由任务所决定。例如，对其任务是在厚地毯上行走的智能代理来说，它的环境就是其所处位置及腿部传来的力的信号。

图 8-3　手机制造企业

它不需要知道也不关心是朝着食物移动还是远离光线，而只关注如何移动才能更有效地到达指定位置。

与包容体系结构类似，智能代理系统同样由多个独立模块构成。智能代理可以装备存储器，沟通交流不会抑制其他智能代理的操作，接收的输入也不再只是真实世界这一个渠道。因此，与包容体系结构下简单的反射行为相比，智能代理的操作可能更加复杂。代理和行为都只执行一步操作，但代理所做的却要智能得多。

下面通过一个藏在暗处的甲虫机器人来讲解智能代理系统内的协同合作。我们想为甲虫机器人配置各种强大的功能，考虑的问题有：装备腿还是轮子？它如何感知环境？感知后如何认识到外面既有食物也有明亮的光线？决定朝食物进发后如何操控移动？需要根据不同接触面调整行走方式吗？如何识别并躲避障碍物？……人工智能的研究人员曾经思考过上述所有问题，也在一定程度上解决了这些问题。然而，这些问题各不相同，对应的解决方案也是五花八门。

导航问题的解决方法可以是利用框架理论来制作甲虫机器人周边环境的地图，在不同表面上行走可以利用遗传算法，识别食物和光线则利用神经网络，不管是决定朝食物前进还是远离光线，都可以利用模糊逻辑完成——如果将这些任务编入独立的智能代理，就能够根据任务需求来选择最佳方案。

智能代理(图 8-4)可以根据操作方式进行分类。例如，反射代理不需要存储器，它们仅凭传感器的即时指令做出反应；负责甲虫视线的代理可以凭借物体不同瞬间的形象来检测物体，还可以创建更高级的成分，从多个视角描绘环境地图。

基于模型的反射代理具备存储器，它们建立外部世界的模型，通过传感器不断补充信息，并根据建立的模型采取行动。昆虫腿部的工作原理可能是：机器人需要知道自己正在做什么，以决定下一步行动。它可能知道行走的表面是柔软的还是不平整的，根据得到的信息对操作进行调整。基于目标的代理搜索方法来完成不能立刻实现的任务，它们必须设计一系列行动来取得最后的成功。机器人内部的构图代理需要规划朝食物或黑暗进发的路线，并躲避障碍物，有时并不是直接朝最终目的地前进，而有可能需要先远离才能一步步接近。

图 8-4 智能代理

所有这些相关的智能代理的独立程序，彼此间需要交谈，这通常是通过传递信息来完成的。负责传感器的智能代理将告诉构图代理有光或是有食物，在决定移动方向后，构图代理计算出最佳路径，并告诉行走代理应该朝什么方向前进。一条信息就是一个数据块，既可以发送给某个特定代理，也可以群发给所有代理，数据块中仅包含必要的信息。如果机器人的视线代理告诉构图代理食物在北面 30cm 的地方，那么数据块中仅需要 3 条数据：食物、30cm、北面。假设一条信息发送给了不止一个代理，那么根据配置需要，只有负责的代理才会对其进行处理，其他代理将直接忽略该信息。行走代理既不关心在哪里可以找到食物，也没有能力对这一信息做出任何反应。

8.4 智能代理的典型应用场景

美国斯坦福大学的海耶斯·罗斯认为“智能代理持续地执行 3 项功能：感知环境中的动态条件；执行动作以影响环境；进行推理以解释感知信息、求解问题、产生推理和决定动作。”他认为，代理应在动作选择过程中进行推理和规划。

8.4.0

8.4.1 股票/债券/期货交易

智能代理系统的一个适用场景是股票市场。智能代理被用于分析市场行情，提出买卖指令建议，甚至直接买入和卖出股票。某些独立智能代理还会监控股票市场并生成统计数据，监测异常价格变动，找寻适合买入或卖出的股票，管理用户投资组合所代表的整体风险并与用户互动。

交易智能代理根据获取的新闻资讯和其他环境数据做出交易决策，并执行交易过程。这一细分领域就是量化交易研究的内容(图 8-5)。

8.4.2 实体机器人

实体机器人的智能代理与环境的交互过程与交易智能代理相似(图 8-6)。不同的是，它获知环境是通过摄像头、麦克风、触觉传感器等物理设备实现的，执行决策也是轮

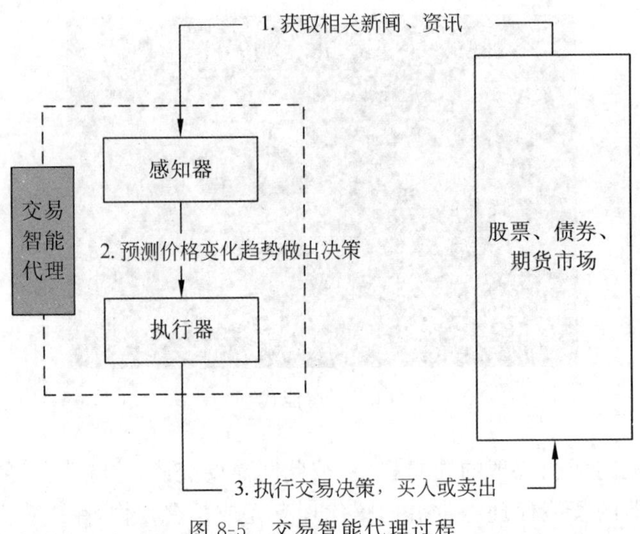

图 8-5　交易智能代理过程

子、机器臂、扬声器、腿等物理设备完成的，因为实体使用物理设备与周围环境交互，所以与其他单纯的人工智能应用场景稍有区别。

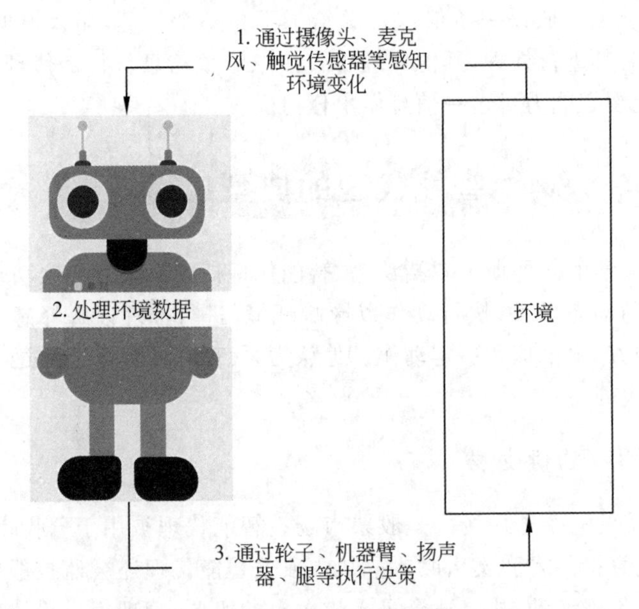

图 8-6　实体机器人与环境的交互过程

8.4.3　电脑游戏

电脑游戏智能代理有两种：一种用于与人类玩家实现对战。例如，在棋牌游戏中，对于智能代理而言，人类玩家就是环境，智能代理将以玩家的操作作为输入，以战胜玩家为目标来做出决策并执行决策；另一种则充当了游戏中的其他角色，智能代理的目的是让游戏更加真实，更富于可玩性。

8.4.4 医疗诊断

医疗诊断的智能代理以病人的检查结果——血压、心率、体温等作为输入来推测病情，推测的诊断结果将告知医生，并由医生来根据诊断结果给予病人恰当的治疗。在这一场景中，病人和医生同时作为外部环境，只是他们的输入和输出不同(图 8-7)。

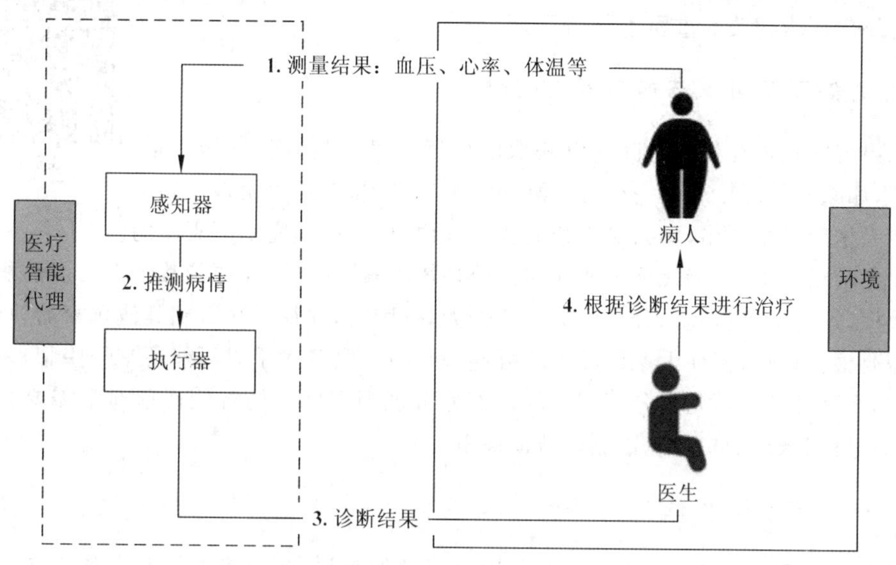

图 8-7 医疗诊断过程

8.4.5 搜索引擎

搜索引擎智能代理的输入包括网页和用户的搜索关键词。它以网络爬虫抓取的网页作为输入存入数据库；在用户搜索时，从数据库中检索最合适的网页返回给用户(图 8-8)。

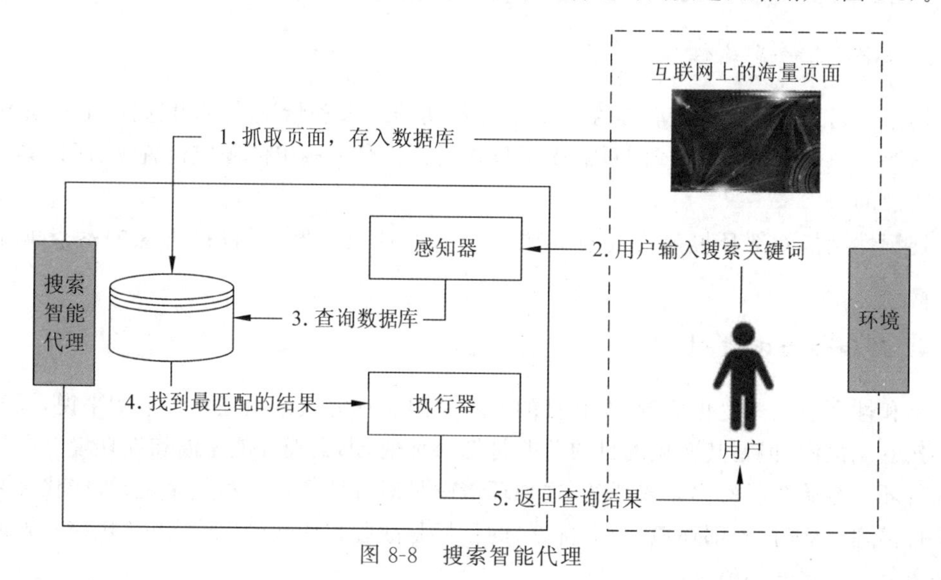

图 8-8 搜索智能代理

综上所述，人工智能可以简单理解为根据外部环境输入进行决策并影响外部环境的过程。

8.5 与外部环境相关的重要术语

与外部环境相关的重要术语如下。

8.5.0

1. 完全可观测性与部分可观测性

如果智能代理在任何时间能够获取的环境信息都足以让它做出最优决策，那么它的环境就是完全可观测的。举例来说，在扑克游戏中，如果所有人把牌面都亮出，那么对于智能代理来说，环境就是完全可观测的。

而多数情况下，智能代理只能获知部分环境因素，决策时需要依赖于自己以前积累的环境数据，这种情况就是部分可观测的。例如，打牌时，往往无法看到其他玩家的牌面，出牌时需要根据记忆（记住大家已经出了哪些牌）和推理（各人手里可能还有哪些牌）来做出决策，那么这种环境就是部分可观测的。部分可观测环境下的智能代理通常需要利用内部的记忆机制记忆历史环境数据以帮助决策。

2. 确定性与随机性

确定性是指下一步变化在可预测范围内。举例来说，多数棋类游戏下子方在某一时刻虽然有多重选择，但按照规则只能在有限的选择范围内下子，其产生的效果是可预测的。这种选择范围有限的情况具有确定性。

随机性是指智能代理下一步可能做出的决定和外部环境的状态改变完全无法预测。例如，扑克牌游戏是不确定的，无法知道每个对手有什么牌，也无法知道他们可能出什么牌，所以这种情况具有随机性。

3. 离散性和连续性

离散性指外部环境的变化是在有限个可预期的结果和情况中做出选择，而非完全随机的情况。举例来说，象棋或围棋的棋子只能放在棋盘上画出的固定位置上，所以其落子点是离散的。

连续性则指外部环境的变化有无限个结果的情况。例如，投掷飞镖的落点就是连续的。

4. 温和性与对抗性

温和性环境虽然变化莫测，但其目的并不是阻止你完成某项任务。举例来说，天气情况虽然变化莫测，但是其变化的目的并非是针对你的，那么天气就是温和性环境。

若环境会始终阻碍你完成任务，这种环境就是对抗性环境。举例来说，智能代理与人类进行棋牌游戏时，外部环境（人类玩家）的目标是战胜智能代理，那么人类玩家对智能代理来说就是对抗性环境。

表 8-1 是 3 种智能代理面临的环境因素的特性对比。

表 8-1 3 种智能代理面临的环境因素的特性对比

智能代理	部分可观测性	确定性	连续性	对抗性
跳棋				是
扑克游戏	是	是		
自动驾驶汽车	是	是	是	

【作　　业】

1. 大部分人工智能系统是(　　)的程序，在前期实验性操作成功的基础上，无法按比例放大至可用规模。

A. 独立和细小　B. 关联和具体　C. 关联和庞大　D. 独立和庞大

2. 在社会科学中，智能代理是一个(　　)的人或其他系统，根据感知世界得到的信息做出反应来影响这个世界。

A. 理性且自主　B. 感性且自主　C. 理性且集中　D. 感性且集中

3. 在社会科学中，智能代理有一个最典型的特征，即它们是社会(　　)的模型。

A. 集中控制　B. 协同合作　C. 超链接　D. 独立控制

4. 在人工智能领域中，与包容体系结构类似，智能代理系统由(　　)的模块构成。

A. 单一复杂　B. 多个耦合　C. 多个独立　D. 单个独立

5. 智能代理可以根据操作方式进行分类，其中不包括(　　)。

A. 理论代理　B. 反射代理

C. 基于模型的反射代理　D. 基于实用的代理

6. 美国斯坦福大学的海耶斯·罗斯认为“智能代理持续地执行 3 项功能”，其中不包括(　　)。

A. 感知环境中的动态条件

B. 执行动作以影响环境

C. 进行推理以解释感知信息、求解问题、产生推理和决定动作

D. 感知环境中的静态参数

7. 智能代理是一套辅助人和充当他们的代表的软件。智能代理的特征中不包括(　　)。

A. 代理性　B. 临时性　C. 智能性　D. 机动性

8. 智能代理系统的适用场景有很多，其中不包括(　　)。

A. 股票、期货交易　B. 实体机器人

C. 电脑游戏　D. 有限元计算

9. 如果智能代理在任何时间点能够获取的环境信息都足以让它做出最优决策，那么这种环境就是(　　)。

A. 完全可观测的　　　　　　　　　　B. 部分可观测的
C. 不可观测的　　　　　　　　　　　D. 不确定是否可观测的

10.(　　)是指智能代理下一步可能做出的决定和外部环境的状态改变完全无法预测。

A. 确定性　　　　B. 随机性　　　　C. 主动性　　　　D. 合理性

11.(　　)是指外部环境的变化是在有限个可预期的结果和情况中做出选择,而非完全随机的情况。

A. 连续性　　　　B. 临时性　　　　C. 离散性　　　　D. 永久性

12. 若环境会始终阻碍你完成任务,这种环境称为(　　)环境。

A. 温和性　　　　B. 对抗性　　　　C. 适应性　　　　D. 应激性

【研究性学习】 机器学习及其应用

小组活动:通过网络搜索,了解更多关于机器学习的知识。讨论和深入理解什么是机器学习,举例说明机器学习的应用。

记录:请记录小组讨论的主要观点,推选代表在课堂上简单阐述你们的观点。

评分规则:若小组汇报得5分,则小组汇报代表得5分,其余同学得4分,以此类推。

____

____

____

____

____

实训评价(教师):______________________________

____

群体智能

9.1 向蜜蜂学习群体智能

蜜蜂(图 9-1)是自然界中被人类研究得最久的群体智能动物。蜜蜂在进化过程中形成了大脑以处理信息,但是它们的大脑不能变大,大概因为它们是飞行动物,较小的大脑能够减轻飞行的负担。事实上,蜜蜂的大脑比一粒沙子还要小,其中只有不到 100 万个神经元。相比之下,人类大约有 1000 亿个神经元。

图 9-1 蜜蜂

9.1.0

所以,一只蜜蜂是一个非常简单的生物,但是它们有非常困难的问题需要解决,这也是关于蜜蜂被研究得最多的一个问题——选择筑巢地点。通常一个蜂巢内有 1 万只蜜蜂,并且随着蜜蜂数量的扩大,它们每年都需要一个新家。它们的筑巢地点可能是空树干里面的一个洞,也可能在建筑物上。因此,蜂群(图 9-2)需要找到合适的筑巢地点。这听起来好像很简单,但对于蜜蜂来说,这是一个关乎蜂群存亡的决定。因此,对于蜜蜂来说,它们选择的筑巢地点越好,对于物种的生存就会越有利。

为了解决这个问题,蜜蜂形成蜂群思维,或者说群体智能,而第一步就是收集关于周围世界的信息。因此,蜂群会先派出数百只侦察蜜蜂到外面约 $78km^2$ 范围的地方进行搜索,寻找它们可以筑巢的潜在地点。这是数据收集阶段。蜂群派出数百只蜜蜂到各个地点寻找潜在的住所,然后这些蜜蜂把信息带回蜂群。接下来就是最困难的部分:它们要

图 9-2 蜂群

做出决定，在找到的几十个潜在地点中挑选出最好的。这听起来很简单，但蜜蜂们非常挑剔。它们需要找到一个能满足一系列条件的新住所。那个新房子必须足够大，可以储存过冬所需的蜂蜜；通风要足够好，在夏天能保持凉爽；要能够保温，以便在寒冷的夜晚保持温暖；要保护蜜蜂不受雨水的影响，但也需要有充足的水源。当然，还需要有良好的地理位置，接近好的花粉来源。

这是一个复杂的多变量问题。事实上，一个正在研究这些数据的人会发现，即使人类去寻找这个多变量优化问题的最佳解决方案都是非常困难的。换成具有类似挑战性的人类的问题，例如为新工厂选取厂址，或者为开设新店选取店址，或者定义新产品的完美特性，这些问题都很难找到一个十全十美的解决方案。然而，生物学家的研究表明，蜜蜂常常能够从所有可用的选项中选出最优或者次优的解决方案。这是很了不起的。事实上，利用群体智能，蜜蜂能够做出一个优化的决定，而人类却很难做到这一点。

那么蜜蜂是怎么做到的呢？它们形成了一个实时系统，在这个系统中，它们可以一起处理数据，并在最优解上汇聚在一起。蜜蜂是如何处理这些数据的呢？这是大自然想出的绝妙办法，它们通过振动身体来实现这一过程，生物学家把这叫作“摇摆舞”。人类刚开始研究蜂巢的时候，他们看到这些蜜蜂在做一些看起来像是在跳舞的事情——它们在振动自己的身体。这些振动产生的信号代表它们是否支持某个特定的筑巢地点。成百上千的蜜蜂同时振动它们的身体时，基本上就是一个多维的选择问题。它们揣度每个决定，探索所有不同的选择，直到在某个解决方案中能够达成一致，而这几乎总是最优或者次优的解决方案，并且能够解决单个大脑无法解决的问题。这是关于群体智能最典型的例子，同样的过程也发生在鸟群以及鱼群中，它们的群体智能水平远远超越个体智能。

下面看一看利用这一方式为一大群游客在曼哈顿找一家优质酒店的过程。假设大部分游客年老体弱，无法长途行走。首先，他们在中央公园的演奏台建立一个临时基地，然后，派出体力最好的成员到处巡查，随后他们将回到演奏台并互相比较笔记。听到有更好的酒店选择时，他们就再次前往实地考察。最后，大家达成共识，所有人再集体前往选定的酒店办理入住。

曼哈顿的街道有两种命名方式，街多为东西向，而大道多为南北向，所以“侦察兵”回来的时候只需要说明该酒店最接近哪条街哪条大道，大家就可以明白。任何时间，“侦察兵”的位置都可以用街名和大道名来表示；如果用数学语言，就是 X 和 Y。假如有必要，还可以在演奏台准备一张坐标纸，追踪每一个“侦察兵”的行走路线，以此定位酒店位置。“侦察兵”在曼哈顿街道上寻找最佳酒店就和在 X、Y 坐标平面上寻找最优值是一样的。

所谓集群机器人(swarm robotics)或者人工蜂群智能(artificial swarm intelligence)，就是让许多简单的机器人协作。就像昆虫群体一样，机器人会表现出集群行为，它们会在环境中导航，与其他机器人沟通。

与分散的机器人系统不同，集群机器人包括大量机器人，它是一个灵活的系统。哈佛大学的拉迪卡·纳格帕尔领导的团队以及许多科研机构都在研究这一技术。此技术未来若能获得成功，集群机器人将会展示出巨大的潜力，影响医疗、保健、军事等领域。机器人越来越小，未来，也许可以让大量纳米机器人以集群的形式协调工作，在微机械或人体内执行任务。

9.2 什么是群体智能

群体智能(swarm intelligence)，又称集群智能，这个概念来自对自然界中一些社会性昆虫(如蚂蚁、蜜蜂等)的群体行为的研究。一只蚂蚁的智能并不高，它看起来不过是一段长着腿的神经节而已。不过，几只蚂蚁凑到一起，就可以一起往蚁穴搬运它们在路上遇到的食物。如果是一群蚂蚁，它们就能协同工作，建起坚固、漂亮的巢穴，一起抵御危险，抚养后代(图 9-3)。

图 9-3 蚂蚁利用简单行为解决复杂问题

在一个群体中，若存在众多低智能的个体，它们通过相互之间的简单合作所表现出来的群体智能行为是分布式控制的，而不是中心控制的，群体具有自组织性，被称为群体智能。

9.2.1 群集人工智能技术

9.2.1

受到蚂蚁、鸟和蜜蜂等的启发，人们从对自然界的学习中可以发现，社会性动物以一个统一的动态系统集体工作时，在解决问题和决策上的表现会大大超越单独的成员，这一过程在生物学上被称为群集智能。

这就带来一个问题：人类可以形成群集吗？当然，人类并没有进化出群集的能力，因为人类缺少同类用于建立实时反馈循环的敏锐连接(例如蚂蚁的触角),这种连接在成员之间是高度相关的,使群体行为看起来像一个"超级器官"。通过这种机制,这些生物能够进行最优选择,这远比独立的个体的选择能力要强得多。

但是,人类可以做到把个人的思考组合起来,让它们形成一个统一的动态系统,以做出更好的决策、预测、评估和判断。人类群集已经被证明在预测体育赛事结果、金融趋势甚至是奥斯卡奖得主这些事上的准确率超过了个人专家。这一技术被称为群集人工智能(swarm artificial intelligence),它能让人组成实时的线上系统,构成人类群集。它是一个人类实时输入和众多人工智能算法的结合。群集人工智能结合人类参与者的知识、智慧、硬件和直觉,并把这些要素组合成一个统一的新智能,能生成最优的预测、决策、洞见和判断。

依赖于每个细胞的几条简单运动规则,就可以使细胞集合的运动表现出超常的智能行为。群体智能不是简单的多个体的集合,而是超越个体行为的一种更高级表现,这种从个体行为到群体行为的演变过程往往极其复杂,以至于无法预测。

蚁群优化和粒子群优化是两种最广为人知的群体智能算法。从基础层面上来看,这些算法都使用了多智能体。每个智能体执行非常基础的动作,合起来就是更复杂、更即时的动作,可用于解决复杂问题。

蚁群优化与粒子群优化不同。二者的目的都是执行即时动作,但采用的是两种不同方式。

蚁群优化与真实蚁群类似,利用信息素指导单个智能体走最短的路径。最初,随机信息素在问题空间中初始化。单个智能体开始遍历搜索空间,边走边释放信息素。信息素在每个时间步中按一定速率衰减。单个智能体根据前方的信息素强度决定遍历搜索空间的路径。某个方向的信息素强度越大,单个智能体越可能朝这个方向前进。全局最优方案就是具备最强信息素的路径。

粒子群优化更关注整体方向。多个智能体在初始化后按随机方向前进。在每个时间步中,每个智能体需要就是否改变方向做出决策,决策基于全局最优解的方向、局部最优解的方向和当前方向。新方向通常是以上3个值的最优权衡结果。

9.2.2 基本原则与特点

9.2.2

群体智能技术可用于许多应用程序。美国军方正在研究用于控制无人驾驶车辆的群体智能技术。欧洲航天局正在考虑用于自组装和干涉测量的轨道群。美国航空航天局正在研究使用群体智能技术进行行星测绘。安东尼·刘易斯和乔治·贝基1992年撰写的论文讨论了使用群体智能来控制人体内的纳米机器人以杀死癌细胞的可能性。群体智能也已应用于数据挖掘等领域。例如,惠普公司在20世纪90年代中期以来研究了基于蚂蚁的路由算法在电信网络中的应用。

米洛纳斯在1994年提出的群体智能应该遵循的5条基本原则如下:

(1) 邻近原则。群体能够进行简单的空间和时间计算。

(2) 品质原则。群体能够响应环境中的品质因子。

（3）多样性反应原则。群体的行动范围不应该太窄。

（4）稳定性原则。群体不应在每次环境变化时都改变自身的行为。

（5）适应性原则。在所需代价不太高的情况下，群体能够在适当的时候改变自身的行为。

这些原则说明实现群体智能的智能主体必须能够在环境中表现出自主性、反应性、学习性和自适应性等智能特性。但是，这并不代表群体中的每个个体都相当复杂，事实恰恰相反。就像单只蚂蚁智能不高一样，组成群体的每个个体都只具有简单的智能，它们通过相互合作表现出复杂的智能行为。可以这样说，群体智能的核心是由众多简单个体组成的群体能够通过相互之间的简单合作来实现某一功能，完成某一任务。

其中，简单个体是指单个个体只具有简单的能力或智能；而简单合作是指个体和与其邻近的个体进行某种简单的直接通信或通过改变环境间接与其他个体通信，从而可以相互影响、协同动作。

群体智能具有以下特点：

（1）控制是分布式的，不存在中心控制。因而它更能够适应当前网络环境下的工作状态，并且具有较强的鲁棒性，即不会由于一个或几个个体出现故障而影响群体对整个问题的求解。

（2）群体中的每个个体都能够改变环境，这是个体之间间接通信的一种方式，这种方式被称为激发工作。由于群体智能可以通过非直接通信的方式进行信息的传输与合作，因而随着个体数目的增加，通信开销的增幅减缓，因此，群体具有较好的可扩充性。

（3）群体中每个个体的能力或遵循的行为规则非常简单，因而群体智能的实现比较容易，具有简单性的特点。

（4）群体表现出来的复杂行为是通过简单个体的交互过程展现出来的智能，因此，群体具有自组织性。

9.3 典型群体智能算法模型

到目前为止，针对群体智能的研究已经取得了许多重要的结果。1991年，意大利学者多里戈提出蚁群优化理论。1995年，肯尼迪等学者提出粒子群优化算法。此后群体智能研究迅速展开，但大部分工作都是围绕蚁群优化算法和粒子群优化算法进行的。

9.3.1 蚁群优化算法

9.3.1

蚂蚁生活在一个十分高效并且秩序井然的群体之中，它们几乎总是以最高效的方式完成每件事。它们修建蚁巢来保证最佳温度和空气流通；它们确定食物位置后能够确定最佳路径，并以最快的速度赶到。有人可能会认为这是由于某些中央权力中心（例如蚁后）在管控它们的所有行动。事实上，这样的权力中心并不存在，蚁后不过是产卵的机器而已，每一只蚂蚁都是自主的独立个体。

蚂蚁在寻找食物时，一开始会漫无目的地到处走动，直到发现另一只蚂蚁带着食物返回巢穴时留下的信息素的踪迹，然后，它就开始沿着踪迹行走。信息素强度越大，追踪成功的可能性越大。在找到食物后它将返回巢穴，留下自己的踪迹。如果该地还有大量食物，许多蚂蚁也会按照该路径来回往复，踪迹将变得越来越清晰，对路过的蚂蚁的吸引力也会越来越大。不过，偶尔会有一些蚂蚁因为找不到踪迹而选择了不同的路径。如果新路径更短，那么大量的蚂蚁将在这条新踪迹上留下越来越多的信息素，旧路径上的信息素就将逐渐散失。随着时间的流逝，蚂蚁们选择的路径将会越来越接近最佳路径。

蚁群能够搭建身体桥梁跨越缺口(图 9-4)，这并不是偶然事件。一个蚁群可能在同时搭建了超过 50 座蚂蚁桥梁，每座桥梁从 1 只蚂蚁到 50 只蚂蚁不等。蚂蚁不仅可以搭建桥梁，而且能够有效评估桥梁的成本和效率之间的平衡。例如，在 V 字形道路上，蚁群会自动调整到合适的位置搭建桥梁，既不靠近 V 字形的顶点部分，也不靠近 V 字形开口最大的部分。

图 9-4　蚂蚁搭建身体桥梁跨越缺口

生物学家对蚁群搭建桥梁的算法的研究表明，每只蚂蚁并不知道桥梁的整体形状，它们只是在遵循两个基本原则：

- 如果我身上有其他蚂蚁经过，那么我就保持不动。
- 如果我身上有蚂蚁经过的频率低于某个阈值，我就加入行军，不再充当桥梁。

数十只蚂蚁就可以一起组成“蚁筏”渡过水面。当蚁群迁徙的时候，整个“蚁筏”可能包含数万只或更多蚂蚁。每只蚂蚁都不知道“蚁筏”的整体形状，也不知道“蚁筏”将要漂流的方向。但蚂蚁之间非常巧妙地互相连接，形成一种透气不透水的立体结构，即使完全沉在水里的蚂蚁也能生存。而这种结构也使整个“蚁筏”超过 75% 的体积是空气，所以能够顺利地漂浮在水面。

蚁群在地面形成非常复杂的寻找食物和搬运食物的路线(图 9-5)，似乎整个蚁群总是能够找到最好的食物和最短的路线，然而每只蚂蚁并不知道这种智能是如何形成的。用樟脑在蚂蚁经过的路线上涂抹会导致蚂蚁迷路，这是因为樟脑的强烈气味严重干扰了蚂蚁对信息素的识别。

图 9-5 蚁群搬运食物的路线

蚁群具有复杂的等级结构，蚁后可以通过特殊的信息素影响到其他蚂蚁，甚至能够调节其他蚂蚁的生育繁殖。但蚁后并不会对工蚁下达任何具体任务，每个蚂蚁都是一个自主的个体，它的行为完全取决于对周边环境的感知和自身的遗传编码规则。尽管蚁群缺乏集中决策，但仍能表现出很高的智能水平，这种智能也称为分布式智能。

不仅蚂蚁，几乎所有膜翅目昆虫都表现出很强的群体智能水平，另一个知名的例子就是蜂群。蚁群和蜂群被广泛地认为是具有**真社会化属性**的生物种群，这是指它们具有以下 3 个特征：

(1) 繁殖分工。种群内分为能够繁殖后代的单位和无生育能力的单位，前者一般为女王和王，后者一般为工蜂、工蚁等。

(2) 世代重叠。即上一代和下一代共同生活，这也决定了下一个特征。

(3) 协作养育。种群单位共同协作养育后代。

这个真社会化属性和人类的社会化属性并不是同一概念。

受到自然界中蚁群的社会性行为的启发，多里戈等人于 1991 年首先提出了蚁群算法，它模拟了实际蚁群寻找食物的过程。蚁群算法后来演变为蚁群优化算法。

我们可以利用群体智能来设计一组机器人，每个机器人本身配置十分简单，仅需要了解自身所处的局部环境，通常也只与附近的其他机器人进行沟通。每个机器人都是自主运行的，不需要中央智能来发布指令，就像包容体系结构中的机器人一样，每个独立个体只知道自己对世界的感知，这可以使个体具有强大、稳固的行为，可以自主适应环境的变化。在拥有大量编程一致的同款机器人之后，就可以实现更大的弹性，因为一小部分个体的操作失误并不会对整体的效能产生大的影响。

这类与蚂蚁行为十分相似的机器人可以用于查找并排除地雷，或者在灾区搜寻伤亡人员。蚂蚁利用信息素来给巢穴内的其他成员留下信号，但感知信息素对机器人来说并不容易(虽然已经可以实现)，机器人利用的是灯光、声响或短程无线电信号。

目前，蚁群优化算法已在组合优化问题求解以及电力、通信、化工、交通、机器人、冶金等多个领域中得到应用，都表现出了令人满意的性能。

9.3.2 搜索机器人

9.3.2

想象一下在远足登山区(图 9-6)有大量机器人的场景。在没有其他事情要做的时候，每个机器人就会站在其视野范围内的其他机器人的中间位置，这也就意味着机器人在该区域内平均分布。它们能够注意到嘈杂的噪声及挥动的手臂，所以遇到困难的背包客就可以向它们寻求帮助。

图 9-6 远足登山区

紧急服务的请求可以从一个机器人传递给另一个机器人，直到传递到能接收无线电或手机信号的机器人那里。假如需要运送受伤的背包客，更多的机器人也可以前来提供帮助，其他机器人则会移动位置来保证区域覆盖度。比起包容体系结构，所有这些操作都可以在机器人数量较少的情况下完成。

换一种方式，我们考虑利用一组四轴飞行器(图 9-7)来保证背包客的安全。这些飞行器将以集群的方式在特定区域内巡查，尤其关注背包客们的服饰上常见的亮橙色。在某些难以察觉的地方可能有人受伤，一旦有飞行器注意到了亮橙色就会立刻转向该地点。飞行器在背包客头顶盘旋时，每一架都会以稍稍不同的有利位置进行观察，慢慢地，越来越多的飞行器就会发现伤员。很快，整个飞行器集群就将在某地低空盘旋，也就意味着它们已经成功确定了可能的事故地点。这时就需要利用其他人工智能技术，例如，自然语言理解、手势识别和图像识别，但很明显，这些都不是什么棘手的问题。

图 9-7 四轴飞行器

9.3.3 粒子群优化算法

9.3.3

另一类经常被模仿的群体行为是鸟类的集群。当整个群体需要集体移动但又需要寻找特定目标时，就可以利用这种技术。

创建个体集群的规则十分简单：

- 跟紧群体内其他成员。
- 以周边成员的平均方向作为飞行方向。
- 与其他成员和障碍物保持安全距离。

如果我们设置向某个目标偏转的趋势，整个集群都将根据趋势行进。

鸟类在群体飞行中往往能表现出一种智能的簇拥协同行为，尤其是在长途迁徙过程中，以特定的形状组队飞行可以充分利用邻近的鸟产生的气流，从而减少体力消耗。

常见的簇拥鸟群是迁徙的大雁，它们数量不多，往往排成一字型或者人字形。据科学估计，这种队形可以让大雁减少15%～20%的体力消耗。体型较小的椋鸟组成的鸟群的飞行则更富于变化，它们往往成千上万只一起在空中飞行，呈现出非常柔美的群体造型(图9-8)。

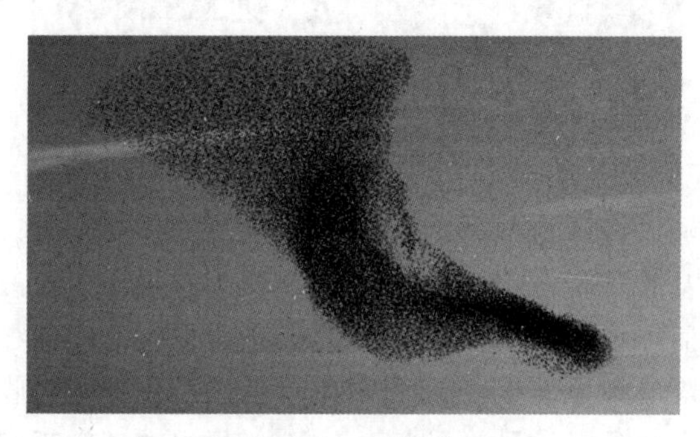

图9-8 一群椋鸟

基于以下3个简单规则，鸟群就可以创建出极复杂的交互和运动方式，形成奇特的整体形状，绕过障碍和躲避猎食者：

- 分离。和邻近的鸟保持距离，避免拥挤和碰撞。
- 对齐。调整飞行方向，顺着周边单位的平均方向飞行。
- 凝聚。调整飞行速度，保持在周边单位的中间位置。

鸟群没有中央控制，实际上每只鸟都是独立自主的，只考虑其周边球形空间内的5～10只鸟的情况。

鱼群的群体行为和鸟群非常相似(图9-9)。金枪鱼、鲱鱼、沙丁鱼等很多鱼类都成群游动，这些鱼总是倾向于加入数量大的、个体的体型大小与自身更接近的鱼群，所以有的鱼群并不是完全由同一种鱼组成的。群体游行不仅可以更有效地利用水流减少成员个体消耗，而且更有利于觅食和繁殖以及躲避捕食者的猎杀。

鱼群中的绝大多数成员都不知道自己正在游向哪里。鱼群使用共识决策机制，个体的决策会不断地参照周边个体的行为进行调整，从而形成集体方向。

在哺乳动物中也常见群体行为，尤其是陆地上的牛、羊、鹿或者南极的企鹅。迁徙和逃脱猎杀时，它们能表现出很强的集体意志。研究表明，畜群的整体行为很大程度上取决于个体的模仿和跟风行为，而遇到危险的时候，则是个体的自私动机决定了整体的行为方向。

图 9-9　鱼群

细菌和植物也能够以特殊的方式表现出群体智能行为。培养皿中的枯草芽孢杆菌根据营养组合物和培养基的黏度，整个群体从中间向四周有规律地扩散迁移，形成随机但非常有规律的树枝状。而植物的根系作为一个集体，各个根尖之间存在某种通信，遵循范围最大化且互相保持间隔的规律生长，进而能够最有效地利用空间吸收土壤中的养分。

粒子群优化算法最早是由肯尼迪等人于 1995 年提出的，是一种基于种群寻优的启发式搜索算法，其基本概念源于对鸟群群体运动行为的研究。在粒子群优化算法中，每个粒子代表待求解问题的一个潜在解，它相当于搜索空间中的一只鸟，其“飞行信息”包括位置和速度两个状态量。每个粒子都可获得其邻域内其他粒子个体的信息，并可根据该信息以及简单的位置和速度更新规则改变自身的状态量，以便更好地适应环境。随着这一过程的进行，粒子群最终能够找到问题的近似最优解。

由于粒子群优化算法概念简单，易于实现，并且具有较好的寻优特性，因此它在短期内得到迅速发展，目前已在许多领域中得到应用，如电力系统优化、旅行商问题求解、神经网络训练、交通事故探测、参数辨识、模型优化等。

曾经获得奥斯卡技术奖的计算机图形学家克雷格·雷诺兹于 1986 年开发了 Boids 鸟群算法，这种算法仅仅依赖分离、对齐、凝聚 3 个简单规则就能实现对各种动物群体行为的模拟。

9.3.4　没有机器人的集群

9.3.4

在遗传算法中，用一组称作“基因”的数字来代表群体中的每个独立个体。遗传算法就是通过改变这些数字直到它们能够代表最优个体为止。

就同样的数字而言，利用群体智能技术，我们不再将它们看成染色体上的基因，而是看成图表或地图等空间上的位置。随着每个独立个体空间位置的变化，数字相应地发生改变，就像你走在曼哈顿大街上，代表你所在位置的街道数字发生改变一样。搜索不再是固定个体的进化过程，而是不同个体的旅程。可以使用任何用来搜索位置的技术，例如，蚂蚁觅食、蜜蜂群集或鸟类群集，而完全不用建造任何机器人。

9.4 群体智能背后的故事

在公园，我们经常看到成群的鸟儿在空中盘旋，它们不时会落在建筑的突出物上休息，之后又像受了什么惊扰，于是动作一致地再度起飞（图 9-10）。这群鸟中并没有领导。没有一只鸟会指示其他鸟该做什么；相反，它们都密切注意自己身边的同伴，在空中飞旋时，全都遵循着简单的规则。这些规则构成了另一种群体智能，它与决策的关系不大，主要是用来精确协调行动的。

图 9-10 群鸟起飞

9.4.0

研究计算机图形学的克雷格·雷诺兹对这些规则感到好奇，他在 1986 年设计了一个看似简单的导向程序，叫作 Boids（拟鸟）。在这个模拟程序中，一种模仿鸟类的物体（拟鸟）接收到以下 3 项指示：

(1) 避免挤到附近的拟鸟。

(2) 按附近的拟鸟的平均方向飞行。

(3) 跟紧附近的拟鸟。

当运行结果呈现在计算机屏幕上时，模拟出了令人信服的鸟群飞翔效果，包括逼真的、无法预测的运动。当时，雷诺兹正在寻求能在电视和电影中制造逼真动物特效的办法。1992 年的《蝙蝠侠归来》是第一部利用他开发的技术制作的电影，其中模拟生成了成群的蝙蝠和企鹅。如今他在索尼公司从事电子游戏领域的研究，例如用一套算法实时模拟个体数量达 1.5 万的互动的鸟、鱼或人。雷诺兹展示了自组织模型在模仿群体行为方面的力量，这也为机器人工程师开辟了道路。如果能让一队机器人像一群鸟般协调行动，就比单独的机器人有优势得多。

美国宾夕法尼亚大学的机械工程教授维贾伊·库马尔说："观察生物界中数目庞大的群体，很难发现哪一个有中心角色。一切都是高度分散的；成员并不都参与交流，它们根据本地信息采取行动;它们都是无名的,不论谁去完成任务,只要有某些个体完成就行。要从单个机器人发展到多个机器人合作,这3个思路必不可少。"

据野生动物专家卡斯滕·霍耶尔的观察,陆地动物的群体行为也与鱼群相似。2003年,他和妻子利恩·阿利森跟着一大群北美驯鹿旅行了5个月,行程超过1500km,记录了它们的迁徙过程。迁徙从加拿大北部育空地区的冬季活动范围起始,到美国阿拉斯加州北极国家野生动物保护区的产犊地结束(图9-11)。

图9-11 驯鹿迁徙

卡斯滕说:"这很难用语言形容。鹿群移动时就像云影漫过大地,或者一大片多米诺骨牌同时倒下并改变着方向。好像每头鹿都知道它周边的同伴要做什么。这不是出于预计或回应,也没有因果关系,它们自然而然就这样行动。"

一天,正当鹿群收窄队形,穿过森林边缘上的一条溪谷时,卡斯滕和利恩看见一只狼偷袭它们。鹿群做出了经典的群体防御反应。卡斯滕说:"那只狼一进入鹿群外围的某一特定距离,鹿群就骤然提高了警惕。这时每头鹿都停下不动,完全处于戒备状态,四下张望。"狼又向前走了100m,突破了下一个限度。"离狼最近的那头鹿转身就跑,这反应就像波浪一样扫过整个鹿群,于是所有的鹿都跑了起来。之后逃生行动进入另一阶段。鹿群后端与狼最接近的那一小群驯鹿就像条毯子般裂开,散成碎片,这在狼看来一定是极度费解的。"狼一会儿追这头鹿,一会儿又追那头鹿,每换一次追击目标都会被甩得更远。最后,鹿群翻过山岭,脱逃而去,而狼留在那儿气喘吁吁,大口吞着雪。

每头驯鹿本来都面临着绝大的危险,但鹿群的躲避行动所表现的却不是恐慌,而是精准。每头驯鹿都知道该什么时候跑,跑往哪个方向,即便不知道为什么要这样做。没有领袖负责鹿群的协调,每头鹿都只是在遵循着几千年来应对恶狼袭击而演化出来的简单规则。

这就是群体智能的美妙魅力。无论我们讨论的是蚂蚁、蜜蜂、鸽子还是北美驯鹿,群体智能的组成要素——分散化控制、针对本地信息行动、简单的经验法则——加在一起,就构成了一套应对复杂情况的精明策略。

最大的变化可能体现在互联网上。谷歌公司利用群体智能来查找用户的搜索内容。当用户输入一个搜索关键词时,谷歌搜索引擎会在它的索引服务器上搜索数十亿个网页,找出最相关的网页，然后按照它们被其他网页链接的次数进行排序，把链接当作投票来计数(最热门的网站还有加权票数，因为它们可靠性更高)。得到最多票数的网页被排在搜索结果列表的最前面。谷歌公司认为，它通过这种方式，“利用网络的群体智能来决定一个网页的重要性”。

维基百科是免费的合作性在线百科全书，办得十分成功，其中有200多种语言写成的数以百万计的文章，世间万物无不涉及，每一词条均可由任何人撰写、编辑。麻省理工学院集体智能中心的托马斯·马隆说：“如今可以让数目庞大的人群以全新的方式共同思考，这在几十年前我们连想都想不到。要解决我们全社会面临的问题，如医疗保健或气候变化，任何一个人的知识都是不够用的。但作为集体，我们的知识量远比迄今为止我们所能利用的多得多。”

这种想法突出反映了关于群体智能的一个重要真理：人群只有在每个成员做事尽责、自主决断的时候，才会发挥出智慧。群体内的成员如果互相模仿，盲从于潮流，或等着别人告诉自己该做什么，这个群体就不会很聪明。若要一个群体拥有智能，无论它是由蚂蚁还是律师组成的，都得依靠成员们各尽其力。

长年从事蜜蜂研究的美国生物学家托马斯·西利说：“蜜蜂跟你我一样，从来看不到多少全局。我们谁都不知道社会作为一个总体需要什么，但我们会看看周围，说——哦，他们需要人在学校当义工，给教堂修剪草坪，或者在政治宣传活动中帮忙。”

9.5 群体智能的发展

2017年7月8日，中国国务院印发了《新一代人工智能发展规划》，其中明确指出了群体智能的研究方向，对于推动新一代人工智能发展有着十分重大的意义。

9.5.0

目前，以互联网及移动通信为纽带，人类群体、物联网和大数据已经实现了广泛和深度的互联，使人类群体智能在万物互联的信息环境中日益发挥着越来越重要的作用，借此深刻地改变了人工智能领域，例如基于群体开发的开源软件、基于众筹众智的万众创新、基于众问众答的知识共享、基于群体编辑的维基百科以及基于众包众享的共享经济等。

所以，必须依托良性的互联网科技创新生态环境，实现跨时空的汇聚群体智能和高效的重组群体智能，更广泛、准确地释放群体智能。

【作　　业】

1. 蜜蜂是自然界中被人类研究得最久的群体智能动物。在进化过程中，蜜蜂形成了大脑以处理信息，蜜蜂的大脑中大约有(　　)个神经元。

A. 850万　　B. 100万　　C. 1000万　　D. 850亿

2. 一只蜜蜂是一个非常简单的生物，但是它们有非常困难的问题需要解决，于是，蜜蜂形成了(　　)。

A. 群体思维　　B. 创新思维　　C. 计算思维　　D. 英雄思维

3. 蜂群为寻找可以筑巢的潜在地点，会派出数百只侦察蜜蜂到外面约 $78km^2$ 范围的地方进行搜索。对蜜蜂来说，这个筑巢行为是一个(　　)问题。

A. 简单多变量　　B. 困难单变量

C. 简单单变量　　D. 复杂多变量

4. 生物学家的研究表明，蜜蜂常常能够从所有可用的选项中选出最优或者次优的解决方案，人类(　　)这一点。

A. 更容易做到　　B. 做不到　　C. 很难做到　　D. 也能做到

5. 蜜蜂处理数据的方式被生物学家叫作"摇摆舞"，即通过(　　)来达成一致认识。

A. 振动身体　　B. 摇摆触角　　C. 发出嗡嗡声　　D. 沉默安静

6. 蜜蜂所表现出的大于个体智能的群体智能能力在许多动物身上也存在，但不包括(　　)。

A. 蚂蚁　　B. 驯鹿　　C. 狮子　　D. 鱼群

7. 所谓集群机器人或者人工蜂群智能就是让许多(　　)的机器人协作。

A. 个性　　B. 复杂　　C. 强大　　D. 简单

8. 在某群体中，若存在众多低智能的个体，它们通过相互之间的简单合作所表现出来的群居性生物的智能行为是(　　)控制的。

A. 分布式　　B. 中心　　C. 独立　　D. 集中

9. 人类并没有进化出群集的能力，因为人类缺少同类用于建立实时反馈循环的敏锐连接。研究和实践都表明，人类(　　)群集能力。

A. 不确定是否有　　B. 很难有

C. 可以有　　D. 不可能有

10. 蚁群优化和粒子群优化是两种最广为人知的群体智能算法，它们都使用了(　　)。

A. 复杂体　　B. 多智能体　　C. 单智能体　　D. 无智能体

11. 米洛纳斯在 1994 年提出的群体智能应该遵循的 5 条基本原则中不包括(　　)。

A. 邻近原则　　B. 品质原则

C. 连接原则　　D. 多样性反应原则

12. 2017 年 7 月 8 日，中国国务院印发的《新一代人工智能发展规划》中明确指出了(　　)的研究方向，对于推动新一代人工智能发展有着十分重大的意义。

A. 群体智能　　B. 蚁群优化

C. 聚类算法　　D. 智能机器人

【研究性学习】 群体智能及其应用前景

小组活动：通过网络搜索，了解更多有关群体智能及其应用的知识，例举动物群体智能行为，展望群体智能在人工智能领域的广泛应用前景。

例如：

蚂蚁：群居，几乎所有活动都是靠集体的力量，例如建造房屋，搬运食物。

蜜蜂：群居，一起采集蜂蜜，然后一起分享。

海豚：一起追捕鱼群，用缩小包围网的方法使鱼们聚集起来，然后发动攻击。

其他还有非洲斑马、鹿群等，可以抵御狮子等大型食肉动物的攻击等。

记录：请记录小组讨论的主要观点，推选代表在课堂上简单阐述你们的观点。

评分规则：若小组汇报得5分，则小组汇报代表得5分，其余同学得4分，以此类推。

____

____

____

____

____

实训评价(教师)：______________________________

____

数据挖掘与统计数据

10.1 从数据到知识

如今,现实社会有大量的数据唾手可得。对不同领域来说,大部分数据都十分有用,但前提是人们有能力从中提取出感兴趣的内容。例如,一家大型连锁店有关于其数百万名顾客购物习惯的数据,社会媒体和其他互联网服务提供商也有成千上万用户的数据,但这只是记录谁在什么时候买了什么的原始数据,似乎毫无用处。

数据不等于信息,而信息也不等于知识。了解数据(将其转化为信息)并利用数据(再转化为知识)是一项巨大的工程。如果某人需要处理100万人的数据,每个人仅用时10s,这项任务还是需要一年才能完成。由于每个人可能一周要买好几十件产品,等数据分析结果出来都已经过了一年了。当然,这种人类需要花费大量时间才能完成的任务可以交由计算机来完成,但往往我们并不确定到底想要计算机寻找什么样的答案。

数据存储在称为数据库的计算机系统中,数据库程序具有内置功能,可以分析数据,并按用户要求以不同形式呈现。假如我们拥有充足的时间和敏锐的直觉,就可以从数据中分析出有用的规律来调整经营模式,从而获取更大的利润。然而,时间和直觉是有所收获的重要前提,如果能自动生成这些数据间的联系无疑对商家来说更有吸引力。

10.1.1 决策树分析

10.1.1

所有人工智能方法都可以用于数据挖掘,特别是神经网络及模糊逻辑,但有一些格外特殊,其中一种技术就是决策树(图10-1),由计算机确定能最好地预测成果的单个数据。例如,如果想要得到购买意大利通心粉的人口统计数据,首先将数据库切分为购买意大利通心粉的顾客和不买的顾客,再检查每个独立个体的数据,从中找到导致数据出现最大差异的因素。我们可能会发现导致最大差异的因素就是购买者的性别,与女性相比,男性更倾向于购买意大利通心粉。将数据按性别切分后,计算机可能会发现导致男性顾客数据差异最大的因素是年龄,而导致女性顾客数据差异最大的因素是平均收入。继续这一过程,将数据分析变得更加详细,直到每一类别里的数据都少到不必切分为止。市场部一定十分乐于知道30%的意大利通心粉买家为20多岁的男子,职业女性买走了20%的意大利通心粉。针对这些人口统计数据设计广告和优惠方案一定会卓有成效。至于拥有大学学历的20多岁未婚男子买走5%

的意大利通心粉这样的数据可能就无关紧要了。

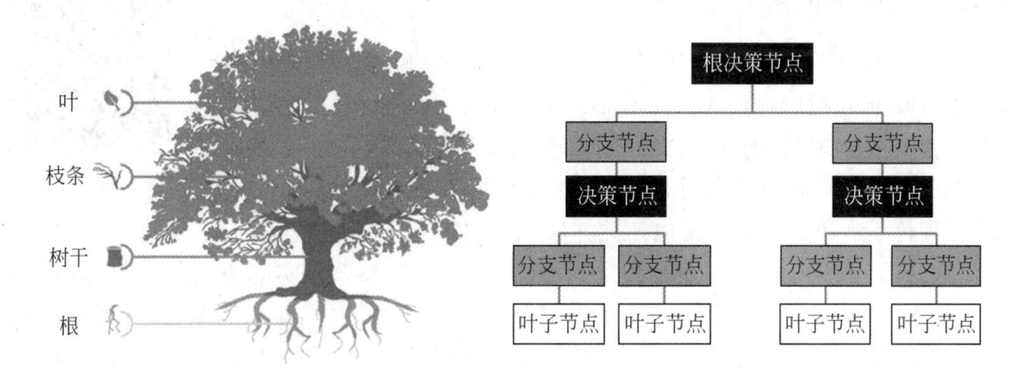

图 10-1 决策树

10.1.2 购物车分析

10.1.2

另一种十分流行的策略是购物车分析(图 10-2)。这种策略可以帮助超市找到顾客经常同时购买的商品。假设研究发现,许多购买意大利通心粉的顾客会同时购买意大利面酱,就可以确定那些只买意大利通心粉但没有买意大利面酱的个体,在他们下次购物时向其提供意大利面酱的折扣。此外,还可以优化商品的摆放位置,既保证顾客能找到自己想要的商品,又能让他们在寻找的过程中路过可能会临时起意购买的商品。

图 10-2 购物车分析

购物车分析面临的问题是需要考虑大量可能的商品组合。一个大型超市可能有上万种商品,仅仅是考虑所有可能的商品配对就有上亿种可能性,而 3 种商品组合的可能性将达到万亿数量级。很明显,采取这样的方式是不实际的,但有两种可以让这一任务变简单的方法。第一种是放宽对商品类别的定义。可以将所有冷冻鱼的销售合起来考虑,而不区分顾客买的到底是柠檬味的多佛比目鱼还是油炸鳕鱼。类似地,也可以只考虑散装啤酒和特色啤酒两类,而不是追踪每一个啤酒品牌。第二种是只考虑购买量较大的商品。如果仅有 10%的顾客购买尿片,所有尿片与其他商品的组合购买率最多只有 10%。大大削减需要考虑的商品数量后,就可以把握主要的商品组合,放弃那些购买量较小的商品即可。

现在,有了成对的商品组合,可能设计 3 种商品的组合耗时更短,只需要考虑存在共同商品的两对商品。例如,知道顾客会同时购买啤酒和红酒,并且也会同时购买啤酒和零食,那么就可以思考啤酒、红酒和零食是否有可能被同时购买。接着,就可以合并有两件共同商品的 3 件商品组合,依此类推。在此过程中,随时可以丢弃那些购买量较小的组合方式。

10.1.3 贝叶斯网络

10.1.3

在众多的分类模型中，应用最为广泛的两种分类模型是决策树模型和朴素贝叶斯分类(Naive Bayes Classification，NBC)模型。NBC 模型发源于古典数学理论，有着坚实的数学基础以及稳定的分类效率。同时，NBC 模型所需估计的参数很少，对缺失数据不太敏感，算法也比较简单。理论上，NBC 模型与其他分类方法相比具有最小的误差率，但是实际上并非总是如此，这是因为 NBC 模型假设属性之间相互独立，这个假设在实际应用中往往是不成立的，这给 NBC 模型的正确分类带来了一定影响。在属性个数较多或者属性之间相关性较大时，NBC 模型的分类效率比不上决策树模型；而在属性个数较少或者属性之间的相关性较小时，NBC 模型的性能最为良好。

了解哪些数据常常共存固然有用，但有时候我们更需要理解为什么会发生这样的情况。假设我们经营一家婚姻介绍所，我们想要知道促成成功配对的因素有哪些。数据库中包含所有客户的信息以及用于评价约会经历的反馈表。

我们可能会猜想，两个高个子的人会不会比两个身高差距悬殊的人相处得更好。为此，我们形成一个假设，即身高差对约会是否成功具有影响。验证此类假设的一种统计方法是贝叶斯网络，其数学计算极其复杂，但自动化操作相对容易得多。

贝叶斯网络的核心是贝叶斯定理，它可以将数据(基于假设)的概率转换为假设的概率(基于数据)。就本例而言，首先建立两个相互矛盾的假设，一个是两组数据相互影响，另一个是两组数据彼此独立，再根据收集到的信息计算两个假设的概率，选择可能性最大的假设作为结论。

需要注意的是，我们无法分辨哪组数据是原因，哪组数据是结果。仅从数学角度，成功的交往关系可以推导出人们身高相同，尽管其他一些事实显示并非如此，这也无法证明数据之间存在因果关系，只是暗示二者之间存在某种联系。可能存在其他将二者联系起来的事实，只是我们没有关注甚至没有记录，或者数据间的这种联系只是偶然的而已。

基于计算机的强大功能，不必手动设计每一条假设，而是通过计算机来验证所有假设。在本例中，要考虑的客户特征不可能超过 20 种，所以要检测的假设数量是有限的。如果选择有两种可能影响结果的特征，那么假设数量将达 380 个，但也还算合理；如果选择的特征数量变成 4 种，那么假设数量就将高达 4845 个，应该还是可以接受的。

购物车分析和贝叶斯网络都是机器学习技术，计算机的确在逐渐发掘以前未知的信息。

10.2 数据挖掘

10.2.0

数据挖掘(data mining)是人工智能和数据库领域的研究热点，它是指通过算法搜索隐藏于大量的数据中的信息的过程。数据挖掘通常与计算机科学有关，并通过统计、在线分析处理、情报检索、机器学习、专家系统(依靠过去的经验法则)和模式识别等诸多方法来实现上述目标。

近年来，数据挖掘一直得到信息产业界的极大关注，其主要原因是存在着可以广泛使用的大量数据,并且迫切需要将这些数据转换成有用的信息和知识。通过数据挖掘获取的信息和知识可以广泛用于各种应用,包括商务管理、生产控制、市场分析、工程设计和科学探索等。

数据挖掘是一种决策支持过程,它主要基于人工智能、机器学习、模式识别、统计学、数据库、可视化技术等,高度自动化地分析企业的数据,从大量数据中寻找规律,做出归纳性的推理,从中挖掘潜在的模式,帮助决策者调整市场策略,降低风险,做出正确的决策。数据挖掘过程由以下 3 个阶段组成: ①数据准备; ②规律寻找;③结果表达。数据准备是从相关的数据源中选取所需的数据并整合成用于数据挖掘的数据集;规律寻找是用某种方法将数据集所含的规律找出来;结果表达是尽可能以用户可理解的方式(如可视化)将找出的规律表示出来。数据挖掘的任务有关联分析、聚类分析、分类分析、异常分析、特异群组分析和演变分析等。

10.2.1 数据挖掘的对象与步骤

10.2.1

数据的类型可以是结构化的、半结构化的,甚至是异构型的。发现知识的方法可以是数学的、非数学的,也可以是归纳的。最终被发现了的知识可以用于信息管理、查询优化、决策支持及数据自身的维护等。

数据挖掘的对象可以是任何类型的数据源。可以是关系数据库,其中包含结构化数据的数据源;也可以是数据仓库、文本、多媒体数据、空间数据、时序数据、Web 数据,其中包含半结构化数据甚至异构型数据的数据源。

在实施数据挖掘之前,先决定应采取什么样的步骤、每一步都做什么、达到什么样的目标是必要的,有了好的计划,才能保证数据挖掘有条不紊地实施并取得成功。很多软件供应商和数据挖掘顾问公司提供了数据挖掘过程模型,例如 SPSS 公司的 5A 和 SAS 公司的 SEMMA,以指导他们的用户一步步地进行数据挖掘工作。

数据挖掘过程模型主要包括定义问题、建立数据挖掘库、分析数据、准备数据、建立模型、评价模型和实施 7 个步骤。数据挖掘系统原理示例见图 10-3。

(1) 定义问题。在开始数据挖掘之前,首要的任务就是了解数据和业务问题。必须对目标有一个清晰明确的定义,即决定到底想干什么。例如,想提高电子信箱的利用率时,应该做的可能是提高用户使用率,也可能是提高一次用户使用的价值,为解决这两个问题而建立的模型几乎是完全不同的,必须做出决定。

(2) 建立数据挖掘库。本步骤包括数据收集、数据描述、数据选择、数据质量评估和数据清理、合并与整合、构建元数据、加载数据挖掘库、维护数据挖掘库。

(3) 分析数据。其目的是找到对预测输出影响最大的数据字段,并决定是否需要定义导出字段。如果数据集包含成百上千个字段,那么浏览分析这些数据将是一件非常耗时和麻烦的事情,这时需要选择一个界面友好、功能强大的工具软件来完成这些事情。

(4) 准备数据。这是建立模型之前的最后一步工作。可以把准备数据的工作分为 4 个步骤: 选择变量,选择记录,创建新变量,转换变量。

(5) 建立模型。这是一个反复的过程,需要仔细考察不同的模型以判断哪个模型对要解决的商业问题最有用。先用一部分数据建立模型,然后再用剩下的数据(称为测试

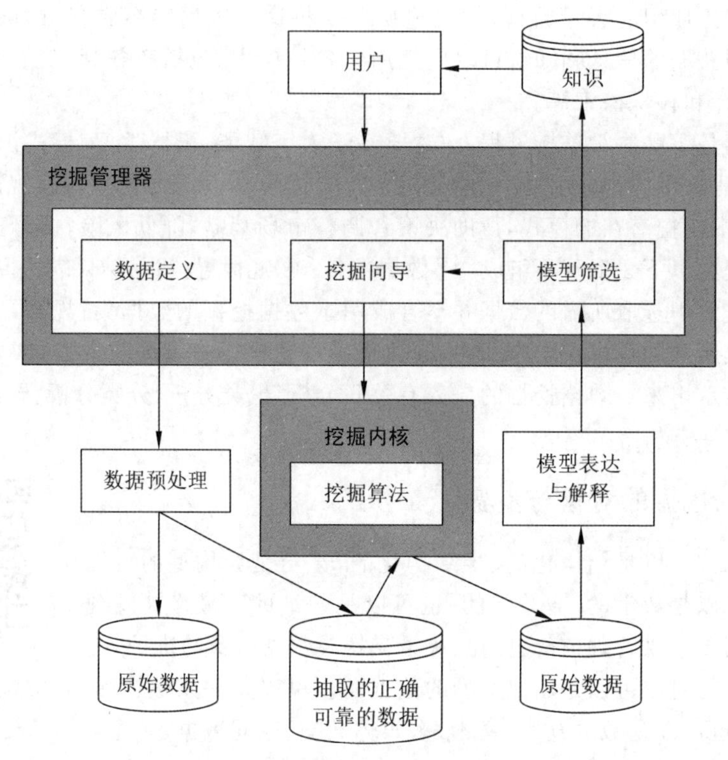

图 10-3　数据挖掘系统原型示例

集)测试这个模型。有时还要有第三个数据集,称为验证集,因为测试集可能受模型的特性的影响,这时需要一个独立的数据集(也就是验证集)来验证模型的准确性。训练和测试数据挖掘模型需要把数据至少分成两部分:一部分用于模型训练;另一部分用于模型测试。

(6) 评价模型。模型建立好之后,必须评价得到的结果并解释模型的价值。从测试集中得到的准确率只对用于建立模型的数据有意义。在实际应用中,需要进一步了解错误的类型和由此带来的相关费用的多少。经验证明,有效的模型并不一定是"正确"的模型(即经过测试和验证并具有较高准确率的模型)。造成这一点的直接原因就是模型建立过程中隐含了各种假定,因此,直接在现实世界中测试模型很重要。先在小范围内应用,取得测试数据,得到满意结果之后再向大范围推广。

(7) 实施。模型建立并经验证之后,可以有两种主要的使用方法。一种是提供给分析人员做参考;另一种是把此模型应用到不同的数据集上。

10.2.2　数据挖掘分析方法

10.2.2

数据挖掘分为有指导的数据挖掘和无指导的数据挖掘。有指导的数据挖掘是利用可用的数据建立一个模型,其系统原型见图 10-4,这个模型是对一个特定属性的描述。无指导的数据挖掘是在所有的属性中寻找某种关系。具体而言,分类、估值和预测 3 种分析方法属于有指导的数据挖掘,关联规则和聚类两种分析方法属于无指导的数据挖掘。下面对这5种分析方法作简要介绍。

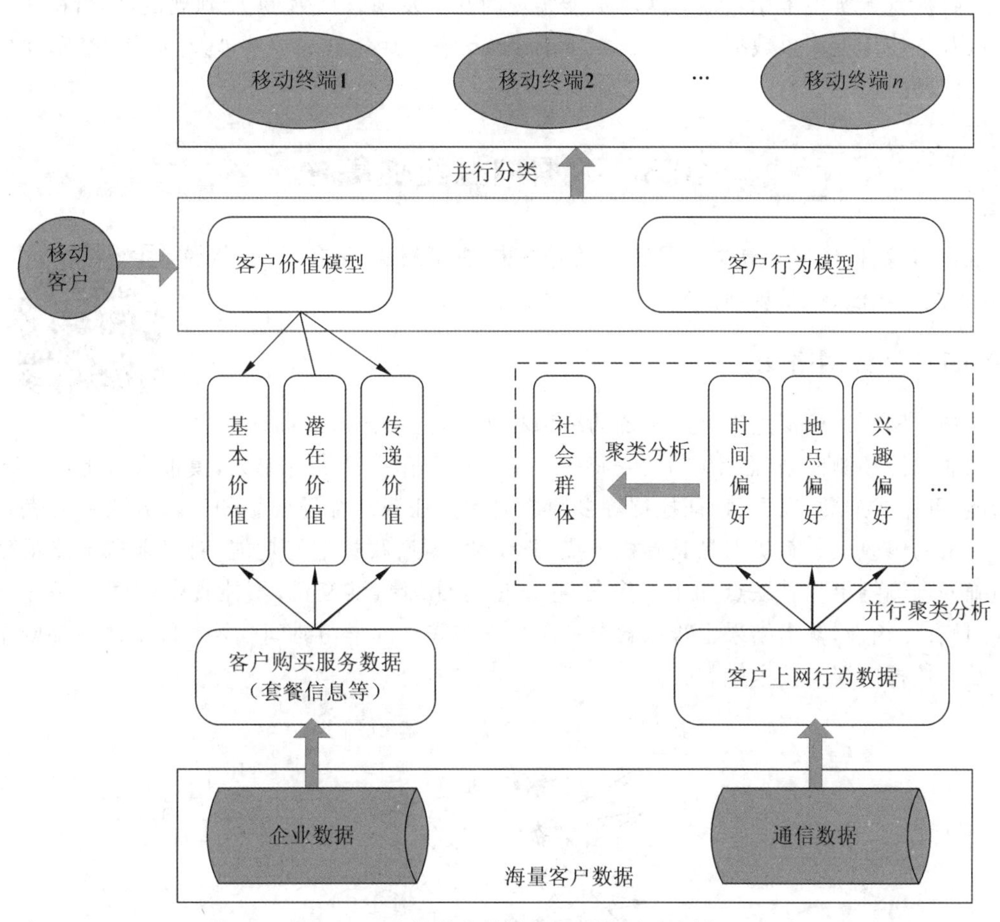

图10-4 有指导的数据挖掘系统原型示例

(1) 分类。该方法首先从数据中选出已经分类的训练集，在该训练集上利用数据挖掘技术建立一个分类模型，再将该模型用于对没有分类的数据进行分类。

(2) 估值。该方法与分类类似，但其最终的输出结果是连续型的数值，估值的量并不是预先确定的。估值可以作为分类的准备工作。

(3) 预测。该方法通过分类或估值来进行的，通过分类或估值的训练得出一个模型，如果该模型对于检验样本组而言具有较高的准确率，即可将该模型用于对新样本的未知变量进行预测。

(4) 关联规则。其目的是发现哪些事情总是一起发生的。

(5) 聚类。它是自动寻找并建立分组规则的方法，它通过判断样本之间的相似性，把相似样本划分在一个簇中。

数据挖掘有很多合法的用途。例如，可以在患者群的数据库中查出某药物和其副作用的关系。这种关系可能在1000人中也不会出现一例，但药理学相关的项目可以利用此方法减少对药物有不良反应的病人数量，还有可能挽救生命。但是，其中还是存在着数据库可能被滥用的问题。

数据挖掘实现了用其他方法不可能实现的知识发现，但它必须受到规范，应当在适当的限制下使用。如果数据是收集自特定的个人，那么就会出现一些涉及、法律、隐私和伦理的问题。

10.3 数据挖掘经典算法

目前，数据挖掘的算法主要有神经网络法、决策树法、遗传算法、粗糙集法、模糊集法、关联规则法等。

10.3.0

10.3.1 神经网络法

神经网络法模拟生物神经系统的结构和功能，是一种通过训练来学习的非线性预测模型(图 10-5)。它将每一个连接看作一个处理单元，模拟人脑神经元的功能，可完成分类、聚类、特征挖掘等多种数据挖掘任务。神经网络的学习方法主要表现在权值的修改上。其优点是具有抗干扰、非线性学习、联想记忆功能，对复杂情况能得到精确的预测结果。其缺点如下：首先，它不适合处理高维变量，不能观察中间的学习过程，具有黑箱性，输出结果也难以解释；其次，它需较长的学习时间。神经网络法主要应用于数据挖掘的聚类技术中。

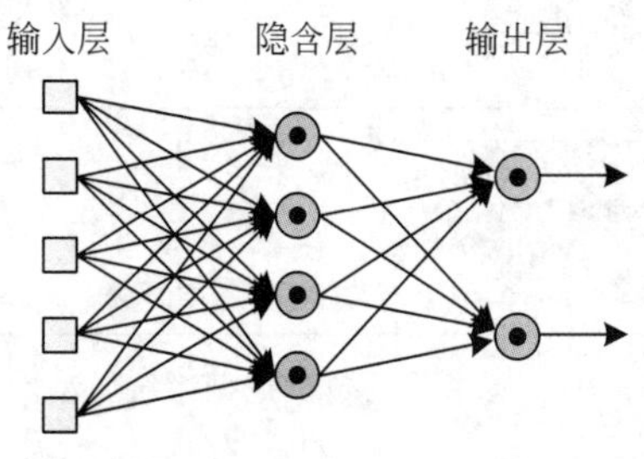

图 10-5 非线性预测模型示例

10.3.2 决策树法

决策树是根据数据对目标变量产生效用的不同而建立分类的规则，通过一系列规则对数据进行分类的过程，其表现形式是类似于树形结构的流程图。最典型的算法是昆兰于 1986 年提出的 ID3 算法。后来，人们在 ID3 算法的基础上又提出了极为流行的 C4.5 分类决策树算法。

采用决策树法的优点是决策过程是可见的，不需要长时间构造过程，描述简单，易于理解，分类速度快；其缺点是很难基于多个变量组合发现规则。决策树法擅长处理非数值型数据，而且特别适合大规模的数据处理。决策树提供了一种展示类似在什么条件下会得到什么值这类规则的方法。例如，在贷款申请中，要对放贷的风险大小做出判断。

C4.5 算法继承了 ID3 算法的优点，并在以下几方面对 ID3 算法进行了改进：

(1) 用信息增益率来选择属性，克服了用信息增益选择属性时偏向选择取值多的属性的不足。

(2) 在决策树构造过程中进行剪枝。

(3) 能够完成对连续属性的离散化处理。

(4) 能够对不完整的数据进行处理。

C4.5 算法产生的分类规则易于理解,准确率较高。其缺点是:在构造树的过程中,需要对数据集进行多次遍历和排序,因而导致算法的效率低。

10.3.3 遗传算法

遗传算法模拟了自然选择和遗传中发生的繁殖、交配和基因突变现象,采用遗传结合、遗传交叉变异及自然选择等操作来生成实现规则,是一种基于进化理论的机器学习方法。它的基本观点是"适者生存"原理,具有隐含并行性、易于和其他模型结合等性质。其主要优点是可以处理许多数据类型,同时可以并行处理各种数据;其缺点是需要的参数太多,编码困难,一般计算量比较大。遗传算法常用于优化神经元网络,能够解决其他技术难以解决的问题。

10.3.4 粗糙集法

粗糙集法也称粗糙集理论,是由波兰数学家帕拉克在 20 世纪 80 年代初提出的,是一种处理含糊、不精确、不完备问题的数学工具,可以处理数据约简、数据相关性发现、数据意义评估等问题。其优点是算法简单,在其处理过程中不需要关于数据的先验知识,可以自动找出问题的内在规律;其缺点是难以直接处理连续的属性,必须先将属性离散化。因此,连续属性的离散化问题是制约粗糙集理论实用化的难点。粗糙集理论主要应用于近似推理、数字逻辑分析和化简、预测模型建立等问题。

10.3.5 模糊集法

模糊集法利用模糊集合理论对问题进行模糊评判、模糊决策、模糊模式识别和模糊聚类分析。模糊集合理论用隶属度来描述模糊事物的属性。系统越复杂,其模糊性就越强。

10.3.6 关联规则法

关联规则反映了事物之间的相互依赖性或关联性。其最著名的算法是阿格拉瓦尔等人于 1994 年提出的 Apriori 算法。该算法的思想是:首先找出频繁性至少和预定意义的最小支持度一样的所有频繁项集(简称频集),然后由频繁项集产生强关联规则。最小支持度和最小可信度是为了发现有意义的关联规则给定的两个阈值。在这个意义上,数据挖掘的目的就是从源数据库中挖掘出满足最小支持度和最小可信度的关联规则。

Apriori 算法是最有影响的挖掘布尔关联规则频繁项集的算法。其核心是基于两阶段频繁项集思想的递推算法。该关联规则在分类上属于单维、单层、布尔关联规则。在这里,所有支持度大于最小支持度的项集称为频繁项集。

10.4 机器学习与数据挖掘

10.4.0

从数据分析的角度来看，数据挖掘与机器学习有相似之处，也有不同之处。例如，数据挖掘并没有机器学习探索人的学习机制这一科学发现任务，数据挖掘中的数据分析是针对海量数据进行的。从某种意义上说，机器学习的科学成分更重一些，而数据挖掘的技术成分更重一些。

机器学习是一门多领域交叉学科，涉及概率论、统计学、逼近论、凸分析、算法复杂度理论等多门学科。其专门研究计算机是怎样模拟或实现人类的学习行为，以获取新的知识或技能，重新组织已有的知识结构，使之不断改善自身的性能。

数据挖掘是从海量数据中获取有效的、新颖的、潜在有用的、最终可理解的模式的非平凡过程。数据挖掘中用到了大量来自机器学习领域的数据分析技术和数据库领域的数据管理技术。

学习能力是智能行为的一个非常重要的特征，不具有学习能力的系统很难称为一个真正的智能系统，而机器学习则希望计算机系统能够利用经验来改善自身的性能，因此该领域一直是人工智能的核心研究领域之一。在计算机系统中，经验通常是以数据的形式存在的，因此，机器学习不仅涉及对人的认知学习过程的探索，还涉及对数据的分析处理。实际上，机器学习已经成为计算机数据分析技术的创新源头之一。由于几乎所有的学科都要面对数据分析任务，因此机器学习已经开始影响计算机科学的众多领域，甚至影响计算机科学之外的很多学科。

机器学习是数据挖掘中的一种重要工具。然而数据挖掘不仅仅要研究、拓展、应用一些机器学习技术，还要通过许多非机器学习技术解决数据仓储、大规模数据、数据噪声等实践问题。机器学习的涉及面也很宽，应用在数据挖掘上的方法通常只是“从数据中学习”。然而机器学习不仅仅可以用在数据挖掘上，一些机器学习的子领域甚至与数据挖掘关系不大，如增强学习与自动控制等。所以，数据挖掘是就目的而言的，机器学习是就方法而言的，两个领域有相当大的交集，但不能等同。

10.4.1 典型的数据挖掘和机器学习过程

10.4.1

图 10-6 是一个典型的推荐类应用示例，需要找到符合条件的潜在人员。要从用户数据中得出这张列表，首先需要挖掘出客户特征，然后选择一个合适的模型来进行预测，最后从用户数据中得出结果。

上述例子中的用户列表获取过程可以细分为如下 8 个步骤(图 10-7)。

(1) 业务理解。理解业务本身，其本质是什么？是分类问题还是回归问题？怎么获取数据？应用哪些模型才能解决问题？

(2) 数据理解。获取数据之后，分析数据里面有什么内容，数据是否准确，为下一步的数据预处理作准备。

(3) 数据预处理。原始数据会有噪声，也没有格式化。为了保证预测的准确性，需要

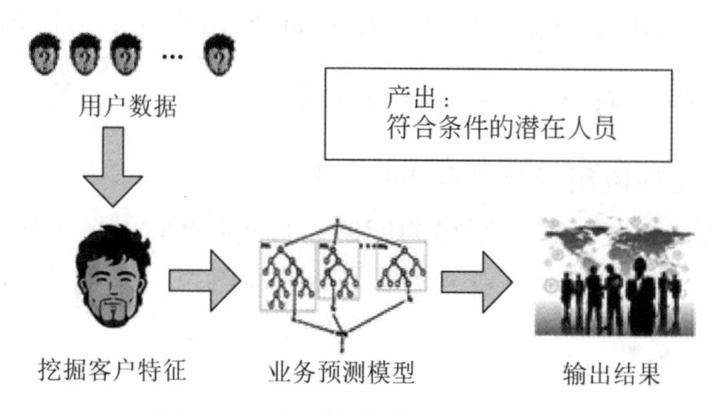

图 10-6 典型的推荐类应用示例

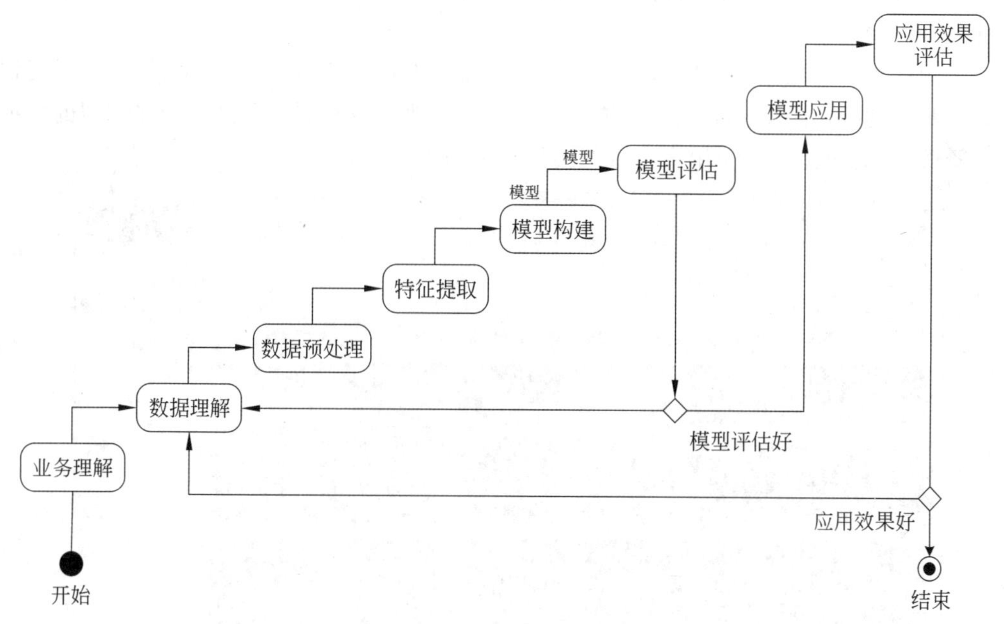

图 10-7 用户列表获取过程

进行数据的预处理。

(4) 特征提取。这是机器学习最重要、最耗时的一个阶段。

(5) 模型构建。使用适当的算法获取预期准确的值。

(6) 模型评估。根据测试集评估模型的准确度。

(7) 模型应用。将模型部署、应用到实际业务环境中。

(8) 应用效果评估。根据最终的业务，评估最终的应用效果。整个过程会不断反复，模型也会不断调整，直至达到理想效果。

10.4.2 机器学习和数据挖掘应用案例

10.4.2

沃尔玛超市利用数据挖掘工具对原始交易数据进行分析和挖掘，意外地发现：顾客和尿布一起购买得最多的商品竟然是啤酒。从而揭示出隐藏在“尿布与啤酒”背后的美国人的一种行为模式。数据挖掘技术对历史数据进行分析，反映了数据的内在规律。如今，这样的故事随时可能发生。

1. 将决策树用于电信领域故障快速定位

电信领域比较常见的应用场景是利用决策树来进行故障定位。例如，用户投诉上网慢，其中就有很多种原因，有可能是网络的问题，也有可能是用户手机的问题，还有可能是用户自身感受的问题。怎样快速分析和定位问题，给用户一个满意的答复？这就需要用到决策树。

2. 图像识别

百度公司的百度识图能够有效地处理特定物体（如人脸、文字或商品）的识别和通用图像的分类标注。

常规的图片搜索是通过输入关键词的形式搜索互联网上相关的图片资源，而百度识图则能实现通过用户上传的图片或输入的图片链接地址搜索到互联网上与之相似的其他图片资源，同时也能找到与用户指定的图片相关的信息（图 10-8）。

图 10-8　百度识图

谷歌公司的开源应用 TensorFlow 可以实时识别图像（图 10-9）。或许未来谷歌公司的图像识别引擎不仅能够识别出图像中的对象，还能够对整个场景进行简短而准确的描述。这种突破性的概念来自机器语言翻译方面的研究成果：通过一种递归神经网络（Recurrent Neural Network，RNN）将源语言的语句转换成向量表达，并采用另一种 RNN 将向量表达转换成目标语言的语句。

图 10-9 TensorFlow 的图像识别示例

而谷歌公司将以上过程中的前一种 RNN 用深度卷积神经网络(Convolutional Neural Network,CNN)替代,这种网络可以用来识别图像中的物体。通过这种方法可以实现将图像中的对象转换成语句,对图像场景进行描述。其原理虽然简单,但实现起来十分复杂,谷歌公司的科学家表示,目前实验产生的语句合理性不错,但与完美仍有差距,这项研究目前仍处于早期阶段。

3. 自然语言识别

自然语言识别一直是一个非常热门的领域,最有名的应用是苹果公司的 Siri,它支持资源输入,调用苹果设备自带的天气预报、日常安排、搜索资料等应用,还能够不断学习新的声音和语调,提供对话式的应答。

微软公司的 Skype Translator(图 10-10)可以实现汉语和英语之间的实时语音翻译功能,将使得汉语和英语之间的实时语音对话成为现实。

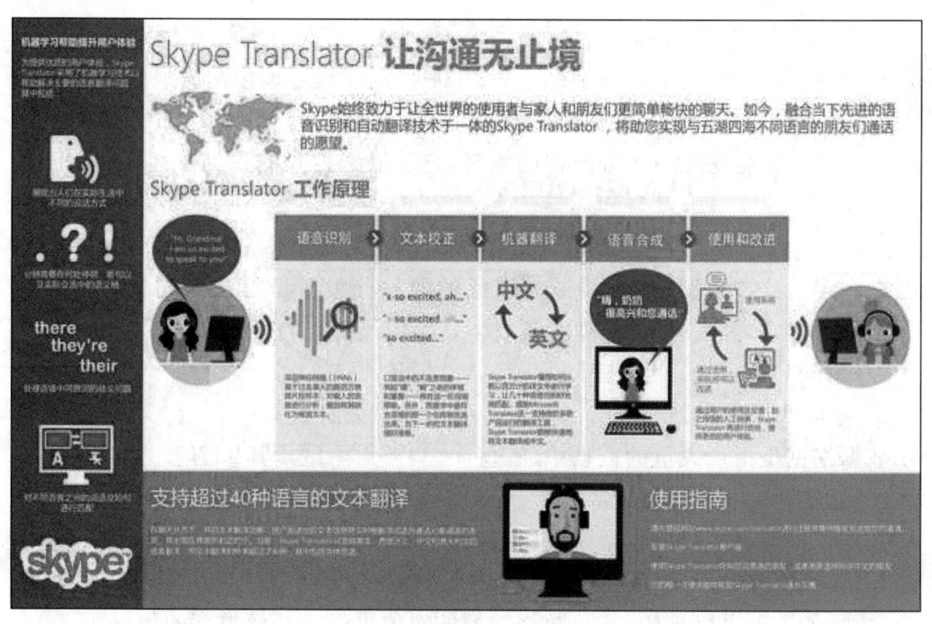

图 10-10 Skype Translator

在准备好的数据被录入机器学习系统后，机器学习软件会利用这些对话和上下文中的单词搭建一个统计模型。当用户说话时，软件会在该统计模型中寻找相似的内容，然后应用到预先学习到的转换程序中，将语音转换为文本，再将文本转换成另一种语言并输出语音。

虽然语音识别一直是近几十年来的重要研究课题，但是该技术的发展普遍受到错误率、麦克风敏感度、噪声环境等因素的阻碍。将深层神经网络（Deep Neural Network，DNN）技术引入语音识别，极大地降低了错误率，提高了可靠性，最终使这项语音翻译技术得以广泛应用。

【作　　业】

1. 现实社会有大量的数据唾手可得，其中的大部分数据都十分有用，但前提是人们有能力从中提取出（　　）的内容。

A. 连续　　B. 离散　　C. 精确　　D. 感兴趣

2. 数据不等于信息，而信息也不等于知识。了解数据（将其转化为信息）并利用数据（再转化为知识）是一项（　　）的工程。

A. 巨大　　B. 简单　　C. 直接　　D. 直观

3. 数据存储在称为（　　）的计算机系统中，它具有内置功能，可以分析数据，并按用户要求呈现出不同形式。

A. 电子表　　B. 数据库　　C. 文档　　D. 堆栈

4. 所有人工智能方法都可以用于数据挖掘，特别是其中的（　　）。

A. 模式识别与图像处理　　B. 机器人技术

C. 神经网络及模糊逻辑　　D. 智能代理与自动规划

5. 数据挖掘的分析技术之一是（　　），用来确定能最好地预测成果的单个数据。

A. 决策树　　B. 分析表　　C. 堆栈　　D. 链表

6.（　　）是数据挖掘中十分流行的策略，它可以帮助我们找到顾客经常一起购买的商品。

A. 垂直预测　　B. 离散分析　　C. 网络冲浪　　D. 购物车分析

7. 在众多的分类模型中，应用最为广泛的两种分类模型是决策树模型和（　　）模型，它发源于古典数学理论，有着坚实的数学基础以及稳定的分类效率。

A. 遗传　　B. 模糊

C. 朴素贝叶斯分类　　D. 关联

8. 数据挖掘是指从大量的数据中通过（　　）搜索隐藏于其中信息的过程。

A. 程序　　B. 算法　　C. 数据　　D. 结构

9. 数据挖掘过程一般由 3 个阶段组成，其中不包括（　　）。

A. 知识培养　　B. 数据准备　　C. 规律寻找　　D. 结果表达

10. 数据的类型可以是（　　），数据挖掘的对象可以是任何类型的数据源。

A. 结构化的　　B. 半结构化的　　C. 异构的　　D. A、B和C

11. 下列方法中(　　)不属于有指导的数据挖掘。

A. 分类　　B. 估值　　C. 聚类　　D. 预测

12. 数据挖掘有很多经典的算法，其中不包括(　　)。

A. 神经网络法　　B. 决策树法　　C. 蚁群算法　　D. 遗传算法

13. 机器学习是数据挖掘中的一种重要工具。数据挖掘不仅要研究、拓展、应用一些机器学习方法，还要通过许多(　　)技术解决数据仓储、大规模数据、数据噪声等实践问题。

A. 非机器学习　　B. 机器人　　C. 神经网络　　D. 深度学习

【研究性学习】 大数据对于人工智能技术与应用的意义

小组活动：通过网络搜索，了解更多有关数据挖掘的知识，讨论大数据时代和大数据技术对于人工智能技术与应用的意义。

记录：请记录小组讨论的主要观点，推选代表在课堂上简单阐述你们的观点。

评分规则：若小组汇报得5分，则小组汇报代表得5分，其余同学得4分，以此类推。

实训评价(教师)：

第11章 智能图像处理

11.1 模式识别

11.1.0

模式识别(pattern recognition)原本是人类的一项基本智能,是指对表征事物或现象的不同形式(数值、文字和逻辑关系)的信息进行分析和处理,从而可以对事物或现象进行描述、辨认和分类等的过程。随着计算机技术的发展和人工智能的兴起,人类自身的模式识别能力已经满足不了社会发展的需要,于是就希望用计算机来代替或扩展人类的部分脑力劳动,这样,计算机的模式识别就产生了。例如,计算机图像识别技术就是模拟人类的图像识别过程(图 11-1)的模式识别应用之一。

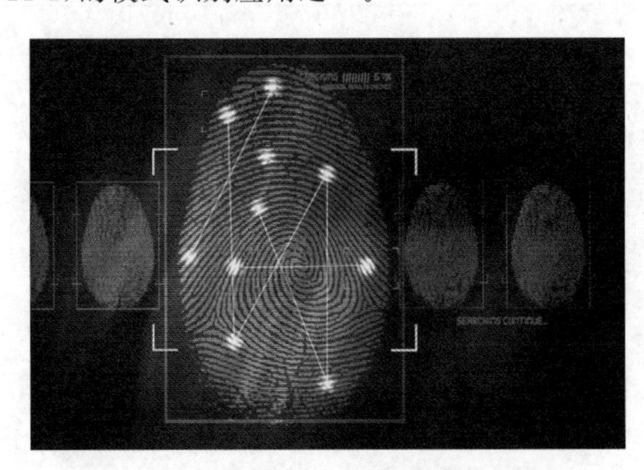

图 11-1 计算机模拟人类的图像识别过程

模式识别又称为模式分类,是信息科学和人工智能的重要组成部分。从处理问题的性质和解决问题的方法等角度,模式识别分为有监督分类和无监督分类两种。模式还可分成抽象模式和具体模式两种形式。前者包括意识、思想、议论等,属于概念识别研究的范畴,是人工智能的另一研究分支。本章所指的模式识别主要是对语音波形、地震波、心电图、脑电图、图片、照片、文字、符号、生物传感器获得的数据等对象的具体模式进行辨识和分类。在图像识别的过程中进行模式识别是必不可少的,要实现计算机视觉,必须有图像处理的帮助,而图像处理依赖于模式识别的有效运用。

模式识别研究主要集中在两方面：一是生物体(包括人)是如何感知对象的,这属于认识科学的范畴；二是在给定的任务下如何用计算机实现模式识别的理论和方法。应用计算机对一组事件或过程进行辨识和分类，识别的事件或过程可以是文字、声音、图像等具体对象，也可以是状态、程度等抽象对象。对这些对象进行识别后得到的信息，称为模式信息。模式识别是与数学紧密结合的学科，其中所用的思想方法大部分基于概率论与统计学。模式识别与统计学、心理学、语言学、计算机科学、生物学、控制论等都有关系。

11.2 图像识别

随着时代的进步，人工智能已经初步具备了一定的智能表现。

人类拥有记忆，拥有精细的识别系统。例如，告诉你面前的一只动物是猫，以后你再看到猫，就可以认出来。人类通过眼睛看到自己眼前的事物，但是很多看到的事物会被人们忽略。例如，曾经与你擦肩而过的一个人，如果你再次看到他，很可能不会记得他。但是，人工智能会记住所有它见过的人和事物。

11.2.0

例如，对于图 11-2，人类会觉得这是很简单的条纹。不过，如果你问问最先进的人工智能系统，它给出的答案也许是“99%的概率是校车”。对于图 11-3，人工智能系统虽不能看出这是一条戴着墨西哥帽的吉娃娃狗（有的人也未必能认出），但是起码它能识别出这是一条戴着宽边帽的狗。

图 11-2 黄黑间条

图 11-3 识别戴着墨西哥帽的吉娃娃狗

美国怀俄明大学进化人工智能实验室的一项研究表明，人工智能不总是那么有效，也会把某些随机生成的简单图像当成鹦鹉、乒乓球拍或者蝴蝶。当研究人员把这个研究结果提交给神经信息处理系统大会进行讨论时，专家形成了泾渭分明的两派意见。一些人的领域经验丰富，他们认为这个结果是完全可以理解的；另一些人则对研究结果的态度是困惑的，至少他们在一开始对强大的人工智能算法把结果完全弄错感到惊讶。

图像识别是指利用计算机对图像进行处理、分析和理解，以识别各种不同模式的目标和对象的技术，是深度学习算法的一种实践应用。图像识别技术最主要的应用是人脸识别与商品识别。人脸识别主要应用在安全检查、身份核查与移动支付中；商品识别主要应用在商品流通过程中，特别是无人货架、智能零售柜等无人零售领域。另外，在地理学中，图像识别技术主要应用于对遥感图像进行分类。

11.2.1

11.2.1 人类的图像识别能力

对人类而言，图像识别是图像刺激人的视觉器官，使人辨认出它是以前见过的某一图像的过程，也叫图像再认。在图像识别中，既要有当时进入眼睛的信息，也要有记忆中存储的信息。只有通过将存储的信息与当前的信息进行比较的加工过程，才能实现对图像的识别。

人的图像识别能力是很强的。图像距离的改变或图像在视觉器官上作用位置的改变都会造成图像在视网膜上的大小和形状的改变。即使在这些情况下，人们仍然可以认出他们过去见过的图像。图像识别甚至可以不受感觉通道的限制。例如，人可以用眼睛看字，当别人在他背上写字时，他也可辨别出这个字来。

11.2.2 图像识别的基础

图像识别以图像的主要特征为基础。每个图像都有它的特征，例如字母 A 有一个尖，P 有一个圈，而 Y 的中心有一个锐角，等等。对图像识别时眼球运动的研究表明，视线总是集中在图像的主要特征上，也就是集中在图像轮廓曲度最大或轮廓方向突然改变的地方，这些地方的信息量最大。而且，眼睛的扫描路线也总是依次从一个特征转到另一个特征上。由此可见，在图像识别过程中，知觉机制必须排除输入的多余信息，抽出关键的信息。同时，在大脑里必定有负责整合信息的机制，它能把分阶段获得的信息整理成一个完整的知觉映像。

人类对复杂图像的识别往往要通过不同层次的信息加工才能实现。对于熟悉的图形，由于人掌握了它的主要特征，就会把它当作一个单元来识别，而不再注意它的细节。这种由孤立单元材料组成的整体单位叫作组块，一个组块是作为整体被感知的。在文字材料的识别中，人们不仅可以把一个汉字的笔画或偏旁等单元组成一个组块，而且能把经常在一起出现的字或词组成组块加以识别。

在计算机视觉识别系统中，图像内容通常用图像特征进行描述（图 11-4）。事实上，基于计算机视觉的图像检索也可以分为类似文本搜索引擎的 3 个步骤：提取特征、建立索引以及查询。

图 11-4　用图像特征进行描述

11.2.3 图像识别的模型

11.2.3

图像识别是人工智能的一个重要领域。为了编制模拟人类图像识别活动的计算机程序,人们提出了不同的图像识别模型。

例如,**模板匹配模型**的理论基础是：要识别某个图像,必须在过去的经验中有这个图像的记忆模式(称为模板)。当前的刺激如果能与大脑中的模板相匹配,这个图像也就被识别了。例如,对于字母A,如果在大脑中有个A的模板,当一个字母的大小、方位、形状都与A的模板完全一致时,这个字母就被识别为A。这个模型简单明了,也容易得到实际应用。但这种模型强调图像必须与大脑中的模板完全符合才能识别出来,而事实上人不仅能识别与大脑中的模板完全一致的图像,也能识别与模板不完全一致的图像。例如,人们不仅能识别某个具体的字母A,也能识别印刷体、手写体、方向不正、大小不同的各种字母A。同时,人能识别的图像是大量的,如果人必须为识别的每一个图像在大脑中都建立有一个相应的模板,也是不可能的。

为了解决模板匹配模型存在的问题,格式塔心理学家又提出了**原型匹配模型**。这种模型认为,在长时记忆中存储的并不是无数个模板,而是图像的某些相似性。从图像中抽象出来的相似性可以作为原型,用它来检验要识别的图像。如果能找到一个相似的原型,这个图像也就被识别了。这种模型从神经上和记忆探寻的过程上来看都比模板匹配模型更合理,而且还能解释对一些不规则的,但某些方面与原型相似的图像的识别这一情况。但是,这种模型没有说明人是怎样对相似的刺激进行辨别和加工的,也难以在计算机程序中得到实现。因此,又有人提出了一个更复杂的模型,即**“泛魔”识别模型**。一般工业应用中,采用工业相机拍摄图像,然后利用软件根据图像灰阶差进行处理并识别出有用信息。

11.2.4 图像识别技术的发展

11.2.4

图像识别技术的发展经历了3个阶段：文字识别、数字图像处理与识别、物体识别。

(1) 对文字识别的研究开始于1950年。一般是识别字母、数字和符号,包括印刷文字识别和手写文字识别,应用非常广泛。

(2) 对数字图像处理与识别的研究开始于1965年。数字图像与模拟图像相比具有存储和传输方便、可压缩、传输过程中不易失真、处理方便等巨大优势,这些都为图像识别技术的发展提供了强大的动力。

(3) 物体识别主要是指对三维世界的客体及环境的感知和认识,属于高级的计算机视觉范畴。它以数字图像处理与识别为基础,结合人工智能、系统学等学科的研究方向,其研究成果被广泛应用在各种工业及探测机器人上。

图像识别的方法主要有3种：统计模式识别、结构模式识别和模糊模式识别。

图像分割是图像处理中的一项关键技术,自20世纪70年代以来,其研究一直都受到人们的高度重视,基于各种理论出现了数以千计的图像分割算法。

图像分割的方法有许多种,如阈值、边缘检测、区域提取、结合特定理论工具等分割方法。从图像的类型来分,有灰度图像分割、彩色图像分割和纹理图像分割等。早在1965

年就有人提出了检测边缘算子，使得边缘检测产生了不少经典算法。在近 20 年间，随着基于直方图和小波变换的图像分割方法的研究以及计算技术、VLSI 技术的迅速发展，有关图像处理方面的研究已经取得了很大的进展。

图像分割方法结合了一些特定理论、方法和工具，如基于数学形态学的图像分割、基于小波变换的图像分割、基于遗传算法的图像分割等。现代图像识别技术的一个不足就是自适应性能差，一旦目标图像被较强的噪声污染或者目标图像有较大残缺，往往就得不出理想的结果。

11.3 机器视觉与图像处理

智能图像处理是指基于计算机的自适应各种应用场合的图像处理和分析技术。它是一个独立的理论和技术领域，但同时又是机器视觉中的一项十分重要的技术支撑。

11.3.1 机器视觉的发展

11.3.1

机器视觉(machine vision)是人工智能领域中发展较为迅速的一个重要分支，正处于不断突破、走向成熟的阶段。一般认为，机器视觉是**通过光学装置和非接触传感器自动地接受和处理一个真实场景的图像，通过分析图像获得所需信息或用于控制机器运动的装置**。具有智能图像处理功能的机器视觉相当于人们在赋予机器智能的同时为它安上了眼睛，使机器能够"看得见""看得准"，可替代甚至胜过人眼做测量和判断，使得机器视觉系统可以实现高分辨率和高速度的控制。而且，机器视觉系统与被检测对象无接触，安全可靠。图 11-5 是机器视觉在指纹识别中的应用。

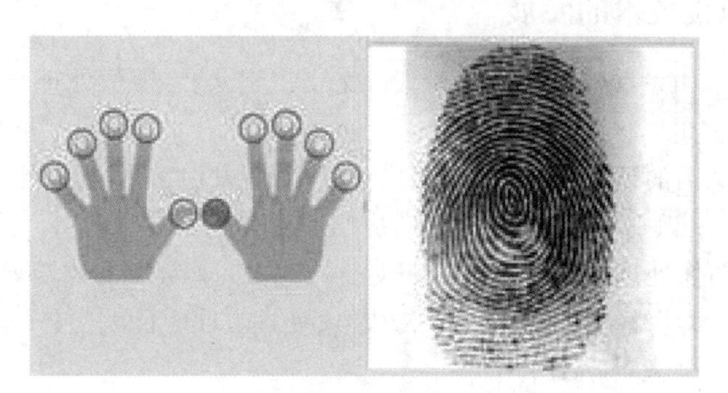

图 11-5　机器视觉应用于指纹识别

机器视觉的起源可追溯到 20 世纪 60 年代美国学者 L.R.罗伯兹对多面体积木世界的图像处理研究和 20 世纪 70 年代麻省理工学院人工智能实验室"机器视觉"课程的开设。到 20 世纪 80 年代，全球性机器视觉研究热潮开始兴起，出现了一些基于机器视觉的应用系统。20 世纪 90 年代以后，随着计算机和电子技术的飞速发展，机器视觉的理论和应用得到进一步发展。

进入 21 世纪后，机器视觉技术的发展速度更快，已经大规模地应用于多个领域，如智能制造、智能交通、医疗卫生、安防监控等。机器视觉系统主要分为两类：一类基于计算机，如工控机或PC；另一类是更加紧凑的嵌入式设备。典型的基于工控机的机器视觉系统主要包括光学系统、摄像机和工控机(包含图像采集、图像处理和分析、控制/通信)等单元。工业控制中的机器视觉系组的典型组成结构如图11-6所示。机器视觉系统对核心的图像处理模块的要求是算法准确、快捷和稳定，同时还要求系统的实现成本低，升级换代方便。

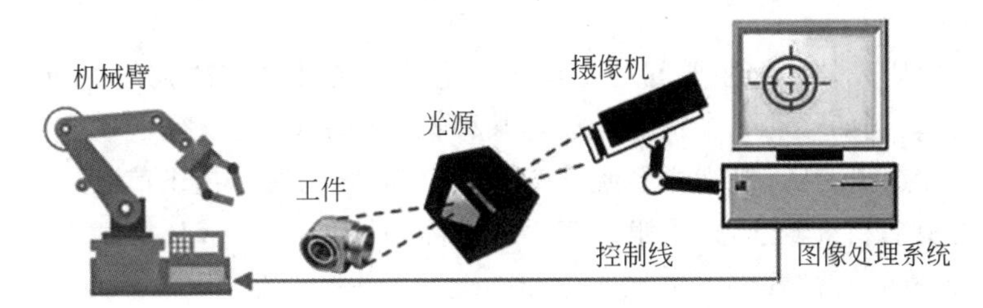

图11-6 工业控制中的机器视觉系统

11.3.2 图像处理

11.3.2

图像处理(image processing)又称影像处理，是指利用计算机技术与数学方法对图像、视频信息的表示、编解码、图像分割、图像质量评价、目标检测与识别以及立体视觉等方面进行分析和处理。图像处理在人脸识别、指纹识别、文字检测和识别、语音识别以及多个领域的信息管理系统等方面均有广泛应用。

图像处理一般指数字图像处理。数字图像是指用数字摄像机、扫描仪等设备经过采样和数字化得到的一个大的二维数组，该数组的元素称为像素，其值为整数，称为灰度值。图像处理技术的主要内容包括3个部分：一是图像压缩，二是增强和复原，三是匹配、描述和识别。常见的处理有图像数字化、图像编码、图像增强、图像复原、图像分割和图像分析等。

11.3.3 计算机视觉

11.3.3

从图像处理和模式识别发展起来的计算机视觉(computer vision)是用计算机来模拟人的视觉机理以实现获取和处理信息的能力，即，用摄像机和计算机代替人眼对目标进行识别、跟踪和测量等，并进一步进行图像处理，利用计算机将其处理为更适合人眼观察或传送给仪器检测的图像。计算机视觉研究相关的理论和技术，试图建立能够从图像或者多维数据中获取信息的人工智能系统。计算机视觉的挑战是要为计算机和机器人开发具有与人类水平相当的视觉能力。

计算机视觉的研究对象之一是如何利用二维投影图像恢复三维景物世界。计算机视觉使用的理论方法主要是基于几何、概率和运动学计算与三维重构的视觉计算理论，它的学科基础包括射影几何学、刚体运动力学、概率论与随机过程理论、图像处理、人工智能等。

计算机视觉要达到的基本目的如下：

(1) 根据一幅或多幅二维投影图像计算出观察点到目标物体的距离。

(2) 根据一幅或多幅二维投影图像计算出目标物体的运动参数。

(3) 根据一幅或多幅二维投影图像计算出目标物体的表面物理特性。

(4) 根据多幅二维投影图像恢复出更大空间区域中的投影图像。

计算机视觉要达到的最终目的是实现计算机对于三维景物世界的理解，即实现人的视觉系统的某些功能。

人工智能要研究的一个主要问题是如何让系统具备计划和决策能力，从而使之完成特定的技术动作(例如移动一个机器人通过某种特定环境)。这一问题便与计算机视觉问题息息相关。在这里，计算机视觉系统作为一个感知器，为决策提供信息。另外一些研究方向包括模式识别和机器学习(也隶属于人工智能领域，但与计算机视觉有着重要联系)。由此，计算机视觉时常被看作人工智能与计算机科学的一个分支。

为了实现计算机视觉的目标，有两种技术途径可以考虑。一种是仿生学方法，即从分析人类视觉的过程入手，利用大自然提供给我们的最好参考系——人类视觉系统，建立视觉过程的计算模型，然后用计算机系统实现之；另一种是工程方法，即摆脱人类视觉系统的约束，利用一切可行和实用的技术手段实现视觉功能。此方法的一般做法是，将视觉系统视为一个黑盒子，实现时只关心视觉系统对于某种输入将给出何种输出。这两种方法理论上都是可以使用的，但面临的困难是，人类视觉系统对应某种输入的输出到底是什么，这是无法直接测得的。而且，由于人的智能活动是一个多功能系统综合作用的结果，即使得到了一个输入输出对，也很难肯定输出是仅由当前输入的视觉刺激所产生的响应，而不是一个与历史状态综合作用的结果。

不难理解，计算机视觉的研究具有双重意义。其一，它是为了满足人工智能应用的需要，即用计算机实现人工的视觉系统的需要。这些成果可以应用在计算机和各种机器人上，使计算机和机器人具有“看”的能力。其二，视觉计算模型的研究结果反过来对于进一步认识和研究人类视觉系统本身的机理甚至人脑的机理也同样具有相当大的参考意义。

11.3.4 计算机视觉与机器视觉的区别

11.3.4

一般认为，计算机就是机器的一种。那么，计算机视觉与机器视觉有什么区别呢？

首先，定义不同。计算机视觉是一门研究如何使机器“看”的科学，更进一步说，是指用摄像机和计算机代替人眼对目标进行识别、跟踪和测量，并进一步进行图像处理，利用计算机将其处理成为更适合人眼观察或传送给仪器检测的图像。机器视觉是用机器代替人眼进行测量和判断。机器视觉系统是通过机器视觉设备(即图像摄取装置，分 CMOS 和 CCD 两种)将被摄取目标转换成图像信号，传送给专用的图像处理系统，得到被摄目标的形态信息，根据像素分布和亮度、颜色等信息将图像信号转变成数字化信号，由图像处理系统对这些信号进行各种运算来抽取目标的特征，进而根据判断的结果来控制现场的设备动作。

其次，原理不同。计算机视觉是用各种成像系统代替人的视觉器官作为输入敏感手段,由计算机来代替大脑完成处理和解释。计算机视觉研究的最终目标就是使计算机能像人那样通过视觉观察和理解世界,具有自主适应环境的能力。要经过长期努力才能达到这一目标。

因此,在实现计算机视觉研究的最终目标以前,人们努力的中期目标是建立一种视觉系统,这个系统能依据视觉敏感和反馈的某种程度的智能完成一定的任务。例如,计算机视觉的一个重要应用领域就是车辆自主视觉导航,但目前还没有条件实现像人那样能识别和理解任何环境,完成自主视觉导航的系统。人们当前的研究目标是实现在高速公路上具有道路跟踪能力,可避免与前方车辆碰撞的视觉辅助驾驶系统。这里要指出的一点是:在计算机视觉系统中,计算机起代替人脑的作用,但这并不意味着计算机必须按人类视觉的方法完成视觉信息的处理。

计算机视觉可以而且应该根据计算机系统的特点来进行视觉信息的处理。但是,人类视觉系统是迄今人们所知道的功能最强大和完善的视觉系统。正如在以下的章节中会看到的那样,对人类视觉处理机制的研究将给计算机视觉的研究提供启发和指导。

因此,利用计算机处理信息的方法研究人类视觉的机理,建立人类视觉的计算理论,也是一个非常重要和令人感兴趣的研究领域。这一研究领域被称为计算视觉(computational vision)。计算视觉可被认为是计算机视觉中的一个研究领域。

机器视觉的检测系统采用CCD照相机将被检测的目标转换成图像信号,传送给专用的图像处理系统,根据像素分布和亮度、颜色等信息,将其转变成数字化信号,图像处理系统对这些信号进行各种运算以抽取目标的特征,如面积、数量、位置、长度,再根据预设的阈值和其他条件输出结果,包括尺寸、角度、个数、合格/不合格、有/无等,实现自动识别功能。

11.3.5 神经网络图像识别技术

11.3.5

神经网络图像识别技术是在传统的图像识别方法基础上融合神经网络算法形成的一种图像识别方法。在神经网络图像识别技术中,遗传算法与反向传播神经网络相融合的神经网络图像识别模型是非常经典的,在很多领域都有它的应用。在融合了神经网络系统的图像识别系统中,一般会先提取图像的特征,再利用图像所具有的特征映射到神经网络,进行图像识别分类。

以汽车拍照自动识别技术为例,当汽车通过的时候,检测设备会有所感应,此时检测设备就会启用图像采集装置来获取汽车正反面的图像。获取了图像后,必须将图像上传到计算机进行保存,以便识别。最后,车牌定位模块会提取车牌信息,对车牌上的字符进行识别并显示最终的结果。在对车牌上的字符进行识别的过程中就用到了基于模板匹配算法和基于人工神经网络算法。

11.4 图像识别技术的应用

图像是人类获取和交换信息的主要来源,因此图像识别技术必定是当前和未来的研究重点。计算机的图像识别技术在公共安全、生物、工业、农业、交通、医疗等很多领域都有应用，例如，交通管理方面的车牌识别系统，公共安全方面的人脸识别技术和指纹识别技术，农业方面的种子识别技术和农产品品质检测技术，医学方面的心电图识别技术，等等。随着计算机技术的不断进步，图像识别技术也在不断地优化，其算法也在不断地改进。

11.4.1 机器视觉的行业应用

11.4.1

机器视觉的应用主要体现在半导体及电子行业，其中近一半集中在半导体行业。具体应用举例如下：

- 印刷电路板。各类印刷电路板组装技术和设备；单双面、多层线路板，覆铜板及所需的材料及辅料；辅助设施以及耗材、油墨、药水药剂、配件；电子封装技术与设备；丝网印刷设备及丝网周边材料等。
- 表面贴装。表面贴装工艺与设备、焊接设备、测试仪器、返修设备及各种辅助工具及配件、表面贴装材料、贴片剂、胶粘剂、焊剂、焊料及防氧化油、焊膏、清洗剂等；再流焊机、波峰焊机及自动化生产线设备。
- 电子生产加工设备。电子元件制造设备、半导体及集成电路制造设备、元器件成型设备、电子工模具。

机器视觉系统还在质量检测的各个方面得到了广泛的应用，并且其产品在应用中占据着举足轻重的地位。

随着经济水平的提高，3D 机器视觉也开始进入人们的视野。3D 机器视觉可用于水果和蔬菜、木材、化妆品、烘焙食品、电子组件和医药产品的评级。它可以提高产品合格率，在生产过程的早期就筛除劣质产品，从而减少浪费，节约成本。这种功能非常适合用于高度、形状、数量甚至色彩等产品属性的成像。

机器视觉主要应用于制药、包装、电子、汽车制造、半导体、纺织、烟草、交通、物流等行业，用机器视觉技术取代人工操作，可以提高生产效率和产品质量。例如在物流行业，可以使用机器视觉技术进行快递的分拣和分类，减少人工分拣工作量，减小物品的损坏率，提高分拣效率，减轻人工劳动强度。

11.4.2 检测与机器人视觉

11.4.2

机器视觉的应用主要有检测和机器人视觉两个方面：

（1）检测。又可分为高精度定量检测（例如显微照片的细胞分类、机械零部件的尺寸和位置测量）和不用量器的定性或半定量检测（例如产品的外观检查、装配线上的零部件识别和定位、缺陷性检测与装配完全性检测）。

（2）机器人视觉。用于指引机器人在大范围内的操作和行动，例如从料斗送出的杂乱工件堆中拣取工件并按一定的方位放在传输带或其他设备上（即料斗拣取问题）。至于小范围内的操作和行动，还需要借助于触觉传感技术。

此外，机器视觉还有自动光学检查、人脸识别、无人驾驶汽车、产品质量等级分类、印刷品质量自动化检测、文字识别、纹理识别、追踪定位等应用。

下面简要介绍几个应用实例。

1. 汽车车身检测系统

英国ROVER汽车公司800系列汽车车身轮廓尺寸精度的100%在线检测(图11-7),是机器视觉系统用于工业检测的一个较为典型的例子。该系统由62个测量单元组成,每个测量单元包括一台激光器和一台CCD摄像机,用以检测车身外壳上288个测量点。将汽车车身置于测量框架下,通过软件校准车身的精确位置。

图11-7 汽车车身轮廓尺寸精度在线检测

测量单元的校准将会影响检测精度,因而受到特别重视。每个激光器/摄像机单元均在离线状态下经过校准。同时还有一个在离线状态下用三坐标测量机校准过的校准装置,可对摄像机进行在线校准。

该检测系统能以每40s检测一个车身的速度检测3种类型的车身。将该系统检测结果与人的检测结果、从CAD模型中提取的合格尺寸相比较,测量精度为±0.1mm。ROVER公司的质量检测人员用该系统来判别关键部分的尺寸一致性,如车身整体外形、车门、玻璃窗口等。实践证明,该系统是成功的,并将用于ROVER公司其他系列汽车的车身检测。

2. 质量检测系统

纸币印刷质量检测系统利用图像处理技术,通过对纸币生产流水线上的20多项纸币特征(号码、盲文、颜色、图案等)进行比较分析,检测纸币的质量,以替代传统的人工检测方法。

瓶装啤酒生产流水线检测系统可以检测啤酒是否达到标准的容量以及啤酒标签是否完整。

3. 智能交通管理系统

通过在交通要道放置摄像头,当有车辆违章(如闯红灯)时,摄像头将车牌照拍摄下来,传输给中央管理系统,系统利用图像处理技术,对拍摄的图片进行分析,提取出车号,存储在数据库中,可以供管理人员进行检索。

4. 图像分析

金相图像分析系统能对金属或其他材料的基体组织、杂质含量、组织成分等进行精确、客观地分析，为产品质量提供可靠的依据。例如，在对金属表面进行裂纹测量时，用微波作为信号源，根据微波发生器发出不同频率的方波，测量金属表面的裂纹，方波的频率越高，可测的裂纹越细小。

医疗图像分析包括血液细胞自动分类计数、染色体分析、癌症细胞识别等。

5. 大型工件平行度/垂直度测量仪

采用激光扫描与 CCD 探测系统的大型工件平行度/垂直度测量仪以稳定的准直激光束为测量基线，配以回转轴系，旋转五棱镜扫出互相平行或垂直的基准平面，将其与被测大型工件的各面进行比较。在加工或安装大型工件时，可用该测量仪测量各面间的平行度及垂直度。

6. 轴承实时监控

利用视觉技术实时监控轴承的负载和温度变化，消除过载和过热的危险。将传统上通过测量滚珠表面状态来保证加工质量和安全操作的被动式测量变为主动式监控。

11.4.3 应用案例：布匹质量检测

11.4.3

在布匹生产过程中，像布匹质量检测这种有高度重复性和智能性的工作通常只能靠人工检测来完成，在现代化流水线旁边常常可看到有很多检测工人执行这道工序。这在给企业增加了巨大的人工成本和管理成本的同时，却仍然不能保证 100%的检验合格率。对布匹质量的检测是重复性劳动，人工检测容易出错且效率低。在大批量的布匹检测中采用机器视觉的自动识别技术，可以大大提高生产效率和生产的自动化程度。

1. 特征提取辨识

在进行一般产品检测时，首先利用高清晰度、高速摄像头拍摄标准图像，在此基础上设定一定标准；然后拍摄被检测产品的图像，再将两者进行对比。但是在布匹质量检测工程中情况要复杂一些：

(1) 图像的内容不是单一的图像，每块被测区域存在的杂质的数量、大小、颜色、位置不一定一致。

(2) 杂质的形状难以事先确定。

(3) 由于布匹快速运动对光线产生反射，图像中可能会存在大量的噪声。

(4) 在流水线上对布匹进行检测，有实时性的要求。

由于上述原因，在对布匹图像识别处理时应采取相应的算法，提取杂质的特征，进行模式识别，实现智能分析。

2. 色质检测

一般而言,从彩色 CCD 相机中获取的图像都是 RGB 图像。也就是说每一个像素都由红(R)、绿(G)、蓝(B)3 个成分组成,以表示 RGB 颜色空间中的一个点。问题在于这些颜色在机器视觉中不同于人眼的感觉。即使很小的噪声也会改变像素在颜色空间中的位置。所以无论人眼感觉颜色有多么的近似,在颜色空间中也不尽相同。基于上述原因,需要将 RGB 像素转换到另一种颜色空间——CIELab,以使人眼的感觉尽可能与颜色空间中的颜色相近。

3. Blob 检测

对于前面得到的处理后的图像,根据需求,在纯色背景下检测杂质色斑,并且计算出色斑的面积,以确定是否在规定范围之内。因此,图像处理软件要具有分离目标、检测目标并且计算其面积的功能。

Blob 分析是对图像中相同像素的连通域进行分析,在机器视觉中将该连通域称为 Blob。经二值化处理后的图像中的色斑可认为是 Blob。Blob 分析工具可以从背景中分离出目标,并可计算目标的数量、位置、形状、方向和大小,还可以提供相关斑点间的拓扑结构。在处理过程中不是对单个像素逐一进行分析,而是对图像的行进行操作。图像的每一行都用游程长度编码(Run-Length Encoding,RLE)来表示相邻的目标范围。与基于像素的算法相比,这种算法大大提高了处理速度。

4. 结果处理和控制

应用程序把返回的结果存入数据库或用户指定的位置,并根据结果控制机械部分作相应的运动。

将识别的结果存入数据库进行信息管理。以后可以随时对信息进行检索,管理者可以获知某段时间内流水线的忙闲情况,对下一步工作做出安排;可以获知布匹的质量情况;等等。

11.5 智能图像处理技术

机器视觉的图像处理系统对现场的数字图像信号按照具体的应用要求进行运算和分析,根据获得的处理结果来控制现场设备的动作。

11.5.1 图像采集

11.5.0

图像采集就是从工作现场获取场景图像的过程,是机器视觉的第一步,采集工具大多为 CCD 或 CMOS 相机或摄像机。相机采集的是单幅的现场图像,摄像机可以采集连续的现场图像。就一幅图像而言,它实际上是三维场景在二维图像平面上的投影,图像中某一点的彩色(包括亮度和色度)是场景中对应点彩色的反映。这就是可以用采集的图像来替代真实场景的根本依据所在。

如果相机是以模拟信号输出，需要将模拟图像信号数字化后发送给计算机（包括嵌入式系统）处理。现在大部分相机都可直接输出数字图像信号，可以免除模数转换这一步骤。不仅如此，现在相机的数字输出接口也是标准化的，如 USB、VGA、1394、HDMI、WiFi、蓝牙接口等，可以直接把图像送入计算机进行处理，以免除在图像输出接口和计算机之间加接一块图像采集卡的麻烦。后续的图像处理工作往往由计算机或嵌入式系统以软件的方式进行。

11.5.2 图像预处理

对于采集到的数字化的现场图像，由于受到设备和环境因素的影响，往往会受到不同程度的干扰，例如，噪声、几何形变、彩色失调等都会妨碍接下来的处理环节。为此，必须对采集的图像进行预处理。常见的预处理包括噪声消除、几何校正、直方图均衡等。

通常使用时域滤波或频域滤波的方法来去除图像中的噪声，采用几何变换的办法来校正图像的几何失真，采用直方图均衡、同态滤波等方法来减轻图像的彩色偏离。总之，通过一系列图像预处理技术，对所采集的图像进行“加工”，为机器视觉应用提供“更好”“更有用”的图像。

11.5.3 图像分割

图像分割就是按照应用要求，把图像分成各具特征的区域，从中提取出感兴趣的目标。在图像中常见的特征有灰度、彩色、纹理、边缘、角点等。例如，对汽车装配流水线图像进行分割，分成背景区域和工件区域，提供给后续处理单元对工件安装部分进行处理。

图像分割多年来一直是图像处理中的难题，至今已有种类繁多的分割算法，但是效果往往并不理想。近来，人们利用基于神经网络的深度学习方法进行图像分割，其性能胜过传统算法。

11.5.4 目标识别和分类

在制造或安防等行业，机器视觉都离不开对输入图像的目标（又称特征）进行识别（图 11-8）和分类处理，以便在此基础上完成后续的判断和操作。识别和分类技术有很多相同的地方，通常在目标识别完成后，目标的类别也就明确了。近来的图像识别技术正在跨越传统方法，形成以神经网络为主流的智能化图像识别方法，如卷积神经网络、回归神经网络等性能优越的方法。

图 11-8 目标（特征）识别

11.5.5 目标定位和测量

在智能制造中，最常见的工作就是对目标工件进行安装，但是在安装前往往需要先对目标进行定位，安装后还需对目标进行测量。安装和测量都需要保持较高的精度和速度，如毫米级精度（甚至更小）和毫秒级速度。这种高精度、高速度的定位和测量依靠通常的机械或人工的方法是难以办到的。在机器视觉中，采用图像处理的办法，对安装现场图像进行处理，按照目标和图像之间的复杂映射关系进行处理，从而快速、精准地完成定位和测量任务。

11.5.6 目标检测和跟踪

图像处理中的运动目标检测和跟踪，就是实时检测摄像机捕获的场景图像中是否有运动目标（即检测），预测它下一步的运动方向和趋势（即跟踪），并及时将这些运动数据提交给后续的分析和控制处理，形成相应的控制动作。图像采集一般使用单个摄像机。如果需要，也可以使用两个摄像机，模仿人的双目视觉而获得场景的立体信息，这样更加有利于运动目标检测和跟踪处理。

【作　　业】

1. 模式识别原本是（　　）的一项基本智能。

A. 人类　　B. 动物　　C. 计算机　　D. 人工智能

2. 人工智能领域通常所指的模式识别主要是对语音波形、地震波、心电图、脑电图、图片、照片、文字、符号、生物传感器获得的数据等对象的具体模式进行（　　）。

A. 分类和计算　　B. 清洗和处理　　C. 辨识和分类　　D. 存储和利用

3. 要实现计算机视觉，必须有图像处理的帮助，而图像处理依赖于（　　）的有效运用。

A. 输入和输出　　B. 模式识别　　C. 专家系统　　D. 智能规划

4. 图像识别是指利用（　　）对图像进行处理、分析和理解，以识别各种不同模式的目标和对象的技术。

A. 专家　　B. 计算机　　C. 放大镜　　D. 工程师

5. 图形刺激作用于人的感觉器官，使人辨认出它是以前见过的某一图形的过程称为（　　）。

A. 图像再认　　B. 图像识别　　C. 图像处理　　D. 图像保存

6. 图像识别是以图像的主要（　　）为基础的。

A. 元素　　B. 像素　　C. 特征　　D. 部件

7. 基于计算机视觉的图像检索可以分为类似文本搜索引擎的3个步骤，其中不包括（　　）。

A. 提取特征　　B. 建立索引　　C. 查询　　D. 清洗

8. 图像识别的发展经历了3个阶段，其中不包括列（　　）。

A. 文字识别　　　　B. 像素识别
C. 物体识别　　　　D. 数字图像处理与识别

9. 现代图像识别技术的一个不足是(　　)。
A. 自适应性能差　　　　B. 图像像素不足
C. 识别速度慢　　　　D. 识别结果不稳定

10. 模式识别是一门与概率论、统计学紧密结合的科学,主要方法有 3 种,其中不包括(　　)。
A. 统计模式　B. 结构模式　C. 像素模式　D. 模糊模式

11. (　　)是图像处理中的一项关键技术,一直都受到人们的高度重视。
A. 数据离散　B. 图像聚合　C. 图像解析　D. 图像分割

12. 具有智能图像处理功能的(　　)相当于人们在赋予机器智能的同时为它安上了眼睛。
A. 机器视觉　B. 图像识别　C. 图像处理　D. 信息视频

13. 图像处理技术的主要内容包括 3 个部分,其中不包括(　　)。
A. 图像压缩　　　　B. 数据排序
C. 增强和复原　　　　D. 匹配、描述和识别

14. 图像处理一般指数字图像处理。常见的处理有图像数字化、图像编码、图像增强、(　　)等。
A. 图像复原　B. 图像分割　C. 图像分析　D. A、B 和 C

15. 机器视觉需要(　　)以及物体建模。一个有能力的视觉系统应该把所有这些处理都紧密地集成在一起。
A. 图像信号　　　　B. 纹理和颜色建模
C. 几何处理和推理　　　　D. A、B 和 C

16. 计算机视觉要达到的基本目的是(　　),以及根据多幅二维投影图像恢复更大空间区域中的投影图像。
A. 根据一幅或多幅二维投影图像计算出观察点到目标物体的距离
B. 根据一幅或多幅二维投影图像计算出目标物体的运动参数
C. 根据一幅或多幅二维投影图像计算出目标物体的表面物理特性
D. A、B 和 C

17. 神经网络图像识别技术是在(　　)的图像识别方法和基础上融合神经网络算法的一种图像识别方法。
A. 现代　B. 传统　C. 智能　D. 先进

18. 图像采集就是从(　　)获取场景图像的过程,是机器视觉的第一步。
A. 终端设备　B. 数据存储　C. 工作现场　D. 离线终端

19. 图像分割就是按照应用要求,把图像分成不同(　　)的区域,从中提取出感兴趣的目标。
A. 特征　B. 大小　C. 色彩　D. 像素

【研究性学习】 熟悉模式识别与智能图像处理

小组活动：通过网络搜索，了解更多有关模式识别与智能图像处理的知识并例举其应用。

记录：请记录小组讨论的主要观点，推选代表在课堂上简单阐述你们的观点。

评分规则：若小组汇报得5分，则小组汇报代表得5分，其余同学得4分，以此类推。

实训评价(教师)：

自然语言处理

12.1 语言的问题和可能性

一个人在出生后的头几年主要学习说话，再慢慢地学会阅读和写作。自然语言会话也是人工智能发展史上从早期开始就被关注的主题之一。开发智能系统的任何尝试最终似乎都必须解决一个问题，即使用何种形式的标准进行交流。比起使用图形系统或基于数据系统的交流，语言交流通常是首选。

12.1.0

语言是人类区别于其他动物的本质特性之一。在所有动物中，只有人类才具有语言表达能力，人类的多种智能都与语言有着密切的关系。人类的逻辑思维以语言为形式，人类的绝大部分知识也是以语言文字的形式记载和流传下来的。

口语是人类最常见、最古老的语言交流形式，使人们能够进行同步对话——可以与一个或多个人进行交互式交流，让人们变得更具表现力，最重要的是，也可以让人们彼此倾听。虽然语言有其精确性，却很少有人会非常精确地使用语言。两方或多方说的不是同一种风格的语言，对语言有不同的解释，词语没有被正确理解，声音可能会有些模糊，也可能受到地方方言的影响，此时，口语就会导致误解。

各种通信方式在正常使用的情况下会有沟通不畅的问题，例如：

- 电话。声音可能听不清楚，一个人的话可能被误解，双方对语言理解构成了其独特的问题集，存在错误解释、错误理解、错误联想等许多可能性。
- 写信。字迹可能难以辨认，容易发生各种书写错误；邮局可能会丢失信件。
- 电子邮件。需要联网；容易造成上下文理解错误和误解其意图。

语言既是精确的也是模糊的。在法律事务或科学工作中，语言可以得到精确使用；有时人会有意地以“艺术”的方式（例如诗歌或小说）使用语言，此时它表达的意义可能是含糊不清的。

语言中有许多含糊之处，因此语言理解可能会给机器带来很多问题。对计算机而言，理解语音无比困难，但理解文本就简单得多。文本可以提供准确的记录（无论是书、文档、电子邮件还是其他形式），这是文本明显的优势，但是文本缺乏语音所具有的自发性、流动性和交互性。

12.2 什么是自然语言处理

12.2.0

自然语言处理(Natural Language Processing,NLP)是计算机科学与人工智能领域的一个重要的研究与应用方向,是融语言学、计算机科学、数学于一体的学科领域,它研究能实现人与计算机之间用自然语言进行有效通信的各种理论和方法。因此,这一领域的研究涉及自然语言,与语言学的研究既有密切联系又有重要区别。利用自然语言处理技术能有效地实现可以进行自然语言通信的计算机系统,特别是其中的软件系统。

使用自然语言与计算机进行通信,这是人们长期以来所追求的目标。因为它既有明显的实际意义,同时也有重要的理论意义:人们可以用自己最习惯的语言来使用计算机,而无须再花大量的时间和精力去学习各种计算机语言;人们也可通过这方面的研究进一步了解人类的语言能力和智能的机制。

实现人机间自然语言通信意味着要使计算机既能理解自然语言的意义,也能以自然语言来表达特定的意图、思想等。前者称为自然语言理解,后者称为自然语言生成,因此,自然语言处理大体包括了这两个部分。历史上对自然语言理解研究得较多,而对自然语言生成研究得较少,但目前这种状况已有所改变。

自然语言处理的应用方向如图12-1所示。在自然语言处理中,无论是实现人机间自然语言通信,还是实现自然语言理解和自然语言生成,都是十分困难的。从现有的理论和技术看,通用的、高质量的自然语言处理系统仍然是长期的努力目标;但是针对具体应用,具有一定的自然语言处理能力的实用系统已经出现,有些已商品化甚至产业化。典型的例子有多语种数据库和专家系统的自然语言接口、各种机器翻译系统、全文信息检索系统、自动文摘系统等。

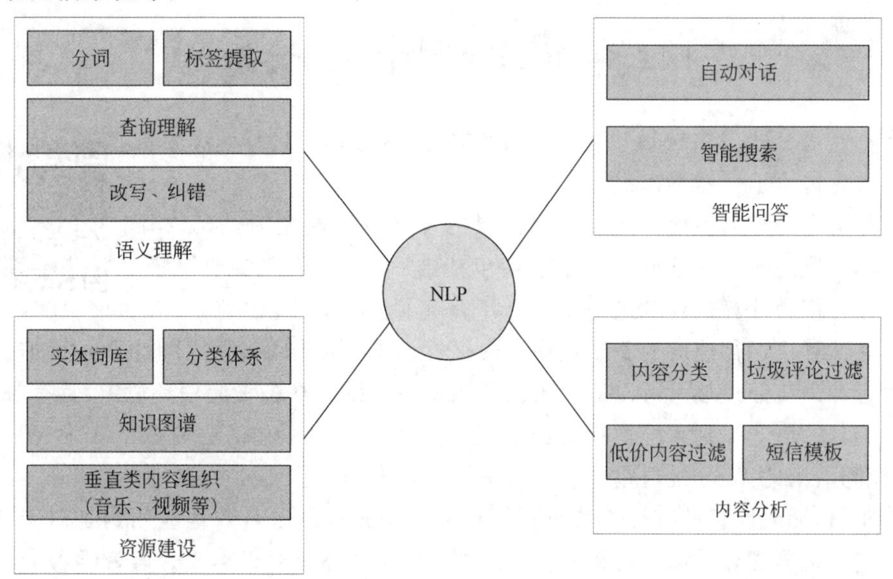

图12-1 自然语言处理的应用方向

造成自然语言处理困难的根本原因是自然语言文本和对话的各个层次上广泛存在各种各样的歧义性或多义性。一个中文文本从形式上看是由汉字(包括标点符号等)组成的一个字符串,由字组成词,由词组成词组,由词组组成句子,进而由句子组成段、节、章、篇。无论在字、词、词组、句子、段等各种层次中,还是在下一层次向上一层次转变的过程中,都存在着歧义和多义现象,即形式上一样的一个字符串在不同的场景或不同的语境下可以理解成不同的词串、词组串等,并有不同的意义。反过来,同样也可以用多个文本或多个字符串来表示相同的(或相近的)意义。一般情况下,大多数歧义和多义问题都可以根据相应的语境和场景的规定得到解决。也就是说,从总体上说,自然语言并不存在歧义。这也就是我们平时很少感到自然语言有歧义,能用自然语言进行准确交流的原因。

我们也看到,为了消除歧义,需要大量的知识并进行推理。将这些知识较完整地加以收集和整理,找到合适的形式将它们存入计算机系统中,以及有效地利用它们来消除歧义,都是工作量极大且十分困难的。

自然语言的形式(字符串)与其意义之间是多对多的关系,其实这也正是自然语言的魅力所在。但从计算机处理的角度看,必须消除歧义,要把带有潜在歧义的自然语言输入转换成某种无歧义的计算机内部表示。

以基于语言学的方法、基于知识的方法为主流的自然语言处理研究所存在的问题主要有两个方面。一方面,迄今为止的语法都仅限于分析一个孤立的句子,而对于上下文关系和谈话环境对句子的约束和影响还缺乏系统的研究,因此对于歧义、词语省略、代词所指、同一句话在不同场合或由不同的人说出来所具有的不同含义等问题,尚无明确的规律可循,需要加强语用学的研究才能逐步解决。另一方面,人理解一个句子不是单凭语法,还运用了大量的相关知识,包括生活知识和专门知识,这些知识无法全部存储在计算机里。因此一个书面理解系统只能建立在有限的词汇、句型和特定的主题范围内;计算机的存储量和运行速度大大提高之后,才有可能适当扩大范围。

12.3 语法类型与语义分析

在自然语言处理领域最早的研究工作是机器翻译。1949 年,美国人威弗首先提出了机器翻译设计方案。

12.3.0

自然语言处理的历史可追溯到以图灵的计算算法模型为基础的计算机科学发展之初。该领域在奠定了初步基础后,出现了许多子领域,每个子领域都为计算机科学进一步的研究提供了新的基础。

随着计算机运行速度的不断提高和内存容量的不断增加,高性能计算系统加快了发展。语音和语言处理技术可以应用于商业领域。特别是在各种应用环境中,具有拼写/语法校正工具的语音识别系统变得更加常用。由于信息检索和信息提取已成为 Web 应用的关键部分,因此 Web 是这些应用的另一个主要推动力。

近年来,无人监督的统计方法重新得到关注。这些方法有效地应用到了对未加注解的数据进行机器翻译方面。可靠的、有注解的语料库的开发成本成为监督学习方法的制约因素。

在自然语言处理中,可以在不同结构层次上对语言进行分析,如句法、词法和语义等。下面对其中涉及的一些关键术语进行简要介绍:

- 词法。单词的形式和结构,词与词根以及词的衍生形式之间的关系。
- 句法。将单词放在一起形成短语和句子的方式,通常关注句子结构的形成。
- 语义学。对语言中的意义进行研究的学科。
- 解析。将句子分解成语言组成部分,并对每个部分的形式、功能和语法关系进行解释。语法规则决定了解析方式。
- 词汇。与语言的词汇或语素有关。
- 语用学。研究语言在语境中的运用。
- 省略。省略了在句法上所需的句子成分,但是,从上下文来看,句子在语义上是清晰的。

12.3.1 语法类型

学习语法是学习语言(包括计算机语言)的一种好方法。费根鲍姆等人将语言的语法定义为"**指定在语言中所允许的语句格式,指出将单词组合成形式完整的短语和子句的句法规则**"。

美国麻省理工学院的语言学家诺姆·乔姆斯基对语言的语法进行了数学式的系统研究,为计算语言学领域的诞生奠定了基础。他将形式语言定义为一组由符号词汇组成的字符串,这些字符串符合语法规则。字符串集对应于所有可能的句子组成的集合,其数量可能无限大。符号的词汇表对应于有限的字母或词典。他对4种语法规则的定义如下:

(1) 定义作为变量或非终端符号的句法类别。

句法变量的例子有<VERB><NOUN><ADJECTIVE>和<PREPOSITION>。

(2) 词汇表中的自然语言单词被视为终端符号,并根据重写规则连接(串联在一起)形成句子。

(3) 终端符号和非终端符号组成的特定字符串之间的关系由重写规则或产生式规则指定。例如:

```
<SENTENCE> →<NOUN PHRASE> <VERB PHRASE>
<NOUN PHRASE> →the <NOUN>
<NOUN> →student
<NOUN> →expert
<VERB> →reads
<SENTENCE> →<NOUN PHRASE> <VERB PHRASE>
<NOUN PHRASE> →<NOUN>
<NOUN> →student
<NOUN> →expert
<VERB> →reads
```

(4) 起始符号S或<SENTENCE>与产生式不同,并根据在(3)中指定的产生式生成所有可能的句子。这个句子集合称为由语法生成的语言。以上定义的简单语法生成了下列句子：

```
The student reads.
The expert reads.
```

重写规则通过替换句子中的词语生成新的句子，例如：

```
<SENTENCE> →
<NOUN PHRASE> <VERB PHRASE>
The <NOUN PHRASE> <VERB PHRASE>
The student<VERB PHRASE>
The student reads.
<SENTENCE> →
<NOUN PHRASE> <VERB PHRASE>
<NOUN PHRASE> <VERB PHRASE>
The student<VERB PHRASE>
The student reads.
```

由上面的例子可见语法是如何作为“机器”“创造”出重写规则允许的所有可能的句子的。

12.3.2 语义分析和扩展语义

乔姆斯基非常了解形式语法的局限性，他提出，语言必须在两个层面上进行分析：表面结构，进行语法上的分析和解析；基础结构(深层结构)，保留句子的语义信息。

研究人员解决这个问题的方法是增加更多的知识，如关于句子的深层结构的知识、关于句子目的的知识、关于词语的知识，甚至详尽地列举句子或短语的所有可能含义的知识。随着计算机运行速度和内存容量的成倍增长，这种完全枚举的可能性变得更加现实。

12.3.3 机器翻译系统 Candide

早期的机器翻译主要是通过非统计学方法进行的。机器翻译的 3 种主要方法是：①直接翻译，即对源文本的逐字进行翻译；②使用结构知识和句法解析的转换法；③中间语言方法，即将源语句翻译成一般的意义表示，然后将这种表示翻译成目标语言。这些方法都不是非常成功。

随着 IBM 公司 Candide 系统的发展，20 世纪 90 年代初，机器翻译开始向统计方法过渡。这个项目对此后的机器翻译研究形成了巨大的影响，统计方法在接下来的几年中开始占据主导地位。人们在语音识别的上下文研究中已经开发了概率算法，IBM 公司将此概率算法应用于机器翻译研究。

统计方法是长期以来自然语言处理的准则。自然语言处理研究以统计作为主要方法，解决了在这个领域中长期存在的问题，因此，这种研究办法被称为统计革命。

12.4 处理数据与处理工具

现代自然语言处理算法基于机器学习特别是统计机器学习方法。它不同于早期的尝试语言处理,通常涉及大量的规则编码。

12.4.1 自然语言处理中的数据集

12.4.1

统计方法需要大量数据才能训练概率模型。出于这个目的,在自然语言处理应用中使用了包含大量的文本和口语的数据集。这些数据集由大量句子组成,由人对这些句子进行语法和语义信息的标记。

自然语言处理中的一些典型的数据集包括 tc-corpus-train 语料库训练集、面向文本分类研究的中英文新闻分类语料、以 IG 卡方等特征词选择方法生成的多维度 ARFF 格式中文 VSM 模型、万篇随机抽取论文中文 DBLP 资源、用于无监督中文分词算法的中文分词词库、UCI 评价排序数据、带有初始化说明的情感分析数据集等。

12.4.2 自然语言处理工具

12.4.2

许多不同类型的机器学习算法已应用于自然语言处理任务。这些算法的输入是一组从输入数据生成的特征。一些早期使用的算法(如决策树)产生硬编码的 if-then 规则。后来,越来越多的研究集中于统计模型。

下面介绍 3 个有代表性的自然语言处理工具。

(1) OpenNLP。是一个基于 Java 的机器学习工具包,用于处理自然语言文本。它支持大多数常用的自然语言处理任务,例如标识化、句子切分、部分词性标注、名称抽取、组块、解析等。

(2) FudanNLP。主要是为中文自然语言处理而开发的工具包,也包含为实现这些任务而提供的机器学习算法和数据集。该工具包及其包含的数据集使用 LGPL 3.0 许可证,其开发语言为 Java。其主要功能如下:

- 文本分类。可应用于新闻聚类。
- 中文分词。可应用于词性标注、实体名识别、关键词抽取、依存句法分析和时间短语识别。
- 结构化学习。可应用于在线学习、层次分类、聚类和精确推理。

(3) LTP(Language Technology Platform,语言技术平台)。是哈尔滨工业大学社会计算与信息检索研究中心开发的一整套中文语言处理系统。LTP 设计了基于 XML 的语言处理结果表示方法,并在此基础上提供了一整套自底向上的丰富、高效的中文语言处理模块(包括词法、句法、语义等 6 项中文处理核心技术),以及基于动态链接库(Dynamic Link Library,DLL)的应用程序接口,还包括相应的可视化工具,并且能够以 Web Service 的形式使用。

12.4.3 自然语言处理的技术难点

12.4.3

自然语言处理的技术难点如下：

(1) 单词边界的界定。在口语中，单词之间通常是连贯的，而界定单词边界通常使用的办法是选取能让给定的上下文最通顺且在文法上无误的最佳组合。在书写上，中文也没有词与词之间的边界。

(2) 词义的消歧。许多词不是只有一个意思，因而必须选出使句子的意义最通顺的解释。

(3) 句法的模糊性。自然语言的文法通常是模糊的，针对一个句子通常可能会建立多棵剖析树，必须依赖语意及上下文的信息才能在其中选择一棵最适合的剖析树。

(4) 有瑕疵的或不规范的输入，例如，进行语音处理时遇到外国口音或地方口音，或者在文本处理中遇到拼写、语法或者光学字符识别(OCR)的错误。

(5) 语言行为与计划。句子常常并不仅包含字面上的意思。例如，“你能把盐递过来吗?”，一个好的回答应当是直接把盐递过去。在大多数语境中，“能”是不恰当的回答；虽然回答“不”或者“太远了，我拿不到”也是可以接受的，但是显然这是非常不妥的回答。又如，如果一门课程在上一年没有开设，对于“这门课程去年有多少学生没通过?”的问题，回答“去年没开这门课”要比回答“没人没通过”更恰当。

12.5 语音处理

语音信号处理(speech signal processing)简称语音处理，是研究语音产生过程、语音信号的统计特性、语音的自动识别、语音的机器合成以及语音感知等各种技术的总称。由于现代语音处理都以数字计算为基础，并利用微处理器、信号处理器或通用计算机加以实现，因此也称数字语音信号处理。

12.5.1

语音处理是一门涉及多个学科的综合技术。它以生理学、心理学、语言学以及声学等基本实验为基础，以信息论、控制论和系统论为指导，应用信号处理、统计分析、模式识别等现代技术手段，由此发展成为新的学科。

12.5.1 语音处理的发展

人类对语音处理的研究起源于对发音器官的模拟。1939 年，美国学者杜德莱展示了一个简单的发音过程模拟系统，以后发展为声道的数字模型。利用该模型可以对语音信号进行各种频谱及参数的分析，进行通信编码或数据压缩的研究，同时也可根据分析获得的频谱特征或参数变化规律，合成语音信号，实现机器的语音合成。利用语音分析技术，还可以实现对语音的自动识别和对发音人的自动辨识。如果与人工智能技术结合，还可以实现各种语句的自动识别以至语言的自动理解，从而实现人机语音交互应答系统，真正赋予计算机以听觉的功能。

语言信息主要包含在语音信号的参数之中，因此准确而迅速地提取语音信号的参数是进行语音处理的关键。常用的语音信号参数有共振峰幅度、频率、带宽、音调和噪音等。

后来又有研究者提出了线性预测系数、声道反射系数和倒谱参数等参数。这些参数仅仅反映了发音过程中的一些平均特性，而实际语言的发音变化相当迅速，需要用非平稳随机过程来描述，因此，20世纪80年代之后，对语音信号非平稳参数分析方法的研究迅速发展，人们提出了一整套快速的算法以及利用优化规律实现以合成信号统计分析参数的新算法，取得了很好的效果。

当语音处理向实用化发展时，人们发现许多算法的抗环境干扰能力较差，因此，在噪声环境下保持语音处理能力成为一个重要课题。这促进了对语音增强技术的研究。一些具有抗干扰性的算法相继出现。当前，语音处理与智能计算技术和智能机器人技术紧密结合，成为智能信息技术中的一个重要分支。

语音处理在通信、国防等领域中有广阔的应用前景。为了改善通信中语音信号的质量而提出的各种频响修正和补偿技术，为了提高效率而提出的数据编码压缩技术，以及为了改善通信条件而提出的噪声抵消及干扰抑制技术，都与语音处理密切相关。在金融部门应用语音处理，可以基于说话人识别和语音识别技术使用户可以利用语音进行存款、取款操作。在仪器仪表和自动化生产控制中，利用语音合成读出测量数据和故障警告。随着语音处理技术的发展，可以预期它将在更多领域得到应用。

12.5.2 语音理解

12.5.2

通常人们说话比打字更方便，因此语音识别软件非常受欢迎。口述命令比用鼠标或触摸板操作更快。例如，要在Windows中打开“记事本”程序，需要选择“开始”→“程序”→“附件”→“记事本”命令，最少也需要单击四次。语音识别软件允许用户简单地说“打开‘记事本’”，就可以打开“记事本”程序，节省了时间，同时也改善了心情。

语音理解(speech understanding)是指利用知识表达和组织等人工智能技术进行语句自动识别和语意理解。语音理解与语音识别的主要不同点是二者对语法和语义知识的利用程度。

对语音理解的研究起源于美国。1971年，美国国防部高级研究计划局(ARPA)资助了一个庞大的研究项目，该项目要达到的目标叫作语音理解系统。由于人对语言有广泛的知识，可以对要说的话有一定的预见性，所以人对语言具有感知和分析能力。依靠人对语言和谈论的内容所拥有的广泛知识，利用知识提高计算机理解语音的能力，就是语音理解研究的核心。

语音理解系统有以下能力：①能排除噪声和嘈杂声；②能理解上下文的意思并能用它来纠正错误，澄清不确定的语义；③能够处理不符合语法规则或不完整的语句。因此，研究语音理解的目的，与其说是使系统能够识别每一个单词，不如说是使系统能抓住说话的要旨。

一个语音理解系统除了包括语音识别所要求的部分之外，还必须有知识处理部分。知识处理包括知识的自动收集、知识库的形成、知识的推理与检验等，当然还希望它能有自动进行知识修正的能力。因此可以认为语音理解是信号处理与知识处理相结合的产物。语音知识包括音位知识、音变知识、韵律知识、词法知识、句法知识、语义知识以及语用知识。这些知识涉及实验语音学、汉语语法、自然语言理解以及知识搜索等许多学科。

12.5.3 语音识别

12.5.3

语音识别(speech recognition)是利用计算机自动对语音信号的音素、音节或词进行识别的各种技术的总称。语音识别是实现语音自动控制的基础。

语音识别起源于 20 世纪 50 年代的“口授打字机”梦想,科学家在掌握了元音的共振峰变迁问题和辅音的声学特性之后,认为从语音到文字的转换过程是可以用机器实现的,即可以把语音转换成书文字。语音识别的理论研究已经进行了 40 多年,真正转入实际应用却是在数字技术、集成电路技术发展之后。现在,语音识别已经取得了许多实用的成果。

语音识别一般要经过以下几个步骤:

(1) 语音预处理。包括语音幅度的标称化、频响校正、分帧、加窗和始末端点检测等内容。

(2) 语音声学参数分析。包括对语音共振峰频率、幅度等参数以及对语音的线性预测参数、倒谱参数等的分析。

(3) 参数标称化。主要是在时间轴上的标称化,常用的方法有动态时间规整(Dynamic Time Warping,DTW)和动态规划(Dynamic Programming,DP)。

(4) 模式匹配。可以采用距离准则或概率规则,也可以采用句法分类等方法。

(5) 识别判决。通过最后的判别函数给出识别的结果。

语音识别按不同的识别内容可分为音素识别、音节识别、词或词组识别,按词汇量可分为小词汇量(50 个词以下)识别、中词量(50～500 个词)识别、大词量(500 个词以上)识别及超大词量(几千至几万个词)识别,按发音特点可分为孤立音识别、连接音识别及连续音识别,按照对发音人的要求分为认人识别(即只对特定的发音人识别)和不认人识别(即不论发音人是谁都能识别)。显然,最困难的语音识别是大词量、连续音和不认人识别。

如今,几乎每个人都拥有一部智能手机。这些设备具有语音识别功能,使用户能够说出自己的短信而无须输入文字。导航设备也增加了语音识别功能,用户只需说出目的地址或者直接说“家”,就可以开始导航。如果有人由于拼写困难或存在视力问题无法在小窗口中使用小键盘,那么语音识别功能是非常有帮助的。

【作　业】

1. 自然语言处理是人工智能研究中(　　)的领域之一。

   A. 研究历史最长、研究最多、要求最高

   B. 研究历史较短但研究最多、要求最高

   C. 研究历史最长、研究最多但要求不高

   D. 研究历史最短、研究较少、要求不高

2. 使用(　　)与计算机进行通信是人们长期以来所追求的目标。

A. 程序语言　B. 自然语言　C. 机器语言　D. 数学语言

3. 实现人机间自然语言通信,意味着要使计算机既能理解自然语言的意义,也能以自然语言来表达给定的意图、思想等。前者称为(　　),后者称为(　　)。因此,自然语言处理大体包括了这两个部分。

A. 自然语言理解,自然语言生成　B. 自然语言生成,自然语言理解

C. 自然语言处理,自然语言加工　D. 自然语言输出,自然语言识别

4. 造成自然语言处理困难的根本原因是自然语言文本和对话的各个层次上广泛存在各种各样的(　　)。

A. 一致性或统一性　B. 复杂性或重复性

C. 歧义性或多义性　D. 一致性或多义性

5. 自然语言的形式(字符串)与其意义之间是多对多的关系,其实这也正是自然语言的(　　)所在。

A. 缺点　B. 矛盾　C. 困难　D. 魅力

6. 最早的自然语言理解方面的研究工作是(　　)。

A. 语音识别　B. 机器翻译

C. 语音合成　D. 语言分析

7. 在自然语言处理中,可以在一些不同(　　)上对语言进行分析。

A. 语言种类　B. 语气语调　C. 结构层次　D. 规模大小

8. 早些时候,通过非统计学方法进行的机器翻译主要有3种方法,其中不包括(　　)。

A. 自动翻译　B. 直接翻译

C. 转换法　D. 中间语言方法

9. 与通常涉及大量规则编码的早期语言处理方法不同,现代自然语言处理算法基于(　　)。

A. 自动识别　B. 机器学习　C. 模式识别　D. 算法辅助

10. 语音处理是研究语音产生过程、语音信号的统计特性、(　　)、机器合成以及语音感知等各种处理技术的总称。

A. 语音的自动模拟　B. 语音的自动检测

C. 语音的自动识别　D. 语音的自动降噪

11. 语音信号处理是一门多学科的综合技术。它以(　　)以及声学等基本实验为基础。

A. 生理　B. 心理　C. 语言　D. A、B和C

12. 语音理解是指利用(　　)等人工智能技术进行语句自动识别和语意理解。

A. 声乐和心理　B. 合成和分析

C. 知识表达和组织　D. 字典和算法

【研究性学习】 了解大数据机器翻译，学习自然语言处理

小组活动：通过网络搜索，了解更多有关自然语言处理的知识。

记录：请记录小组讨论的主要观点，推选代表在课堂上简单阐述你们的观点。

评分规则：若小组汇报得 5 分，则小组汇报代表得 5 分，其余同学得 4 分，以此类推。

____

____

____

____

____

实训评价（教师）：______________________________

____

自动规划

13.1 什么是自动规划

所谓规划，是指个人或组织制定的比较全面长远的发展计划，是对未来整体性、长期性、基本性问题的考量，以设计未来整套行动的方案。规划是融合多种要素、多种看法的某一特定领域的发展愿景。

与专家系统一样，自动规划(automatic planning)也属于高级的求解系统与技术。由于自动规划系统具有广泛的应用场合和应用前景，因而引起人们的浓厚兴趣，并出现了许多研究成果。

13.1.1 规划的概念分析

13.1.1

通常认为，规划是一种与人类密切相关的活动，它代表为了实现目标而对活动进行调整的一种能力。在日常生活中，规划意味着在行动之前决定其进程，或者说，是在执行一个问题求解程序之前确定该程序的执行过程。

一个规划是对一个行动过程的描述，尽管它可以是像商品清单那样的没有次序的目标列表，但是一般都具有某个目标的隐含排序。例如，一个机器人要搬动某个工件，必须先移动到该工件附近，抓住该工件，然后带着工件移动。

大多数规划都具有子规划结构，其中的每个子目标可以由达到此目标的比较详细的子规划实现。最终得到的规划是某个问题求解算法的线性或分步排序，其目标常常具有分层结构。

规划的定义可以归纳成以下几个：

(1) 从某个特定的问题状态出发，寻求一系列行为动作并建立一个操作序列，直到求得目标状态为止，这个求解过程就是规划。

(2) 规划是关于动作的推理，是一种抽象的深思熟虑的过程，该过程通过预期动作的效果来选择和组织一组动作，其目的是尽可能好地实现一个预先给定的目标。

(3) 规划是针对某个问题给出求解过程的步骤，规划将问题分解为若干相应的子问题，记录和处理问题求解过程中发现的子问题间的关系。

规划有两个突出的特点：一是为了完成任务，可能需要一系列确定的步骤；二是定义问题解决方案的步骤顺序可能是有条件的。也就是说，构成规划的步骤可能会根据条件进行修改（称为条件规划）。规划的能力代表了人类的某种自我意识。

13.1.2 自动规划的定义

13.1.2

规划一直是人工智能研究的活跃领域，涉及机器人技术、流程规划、基于 Web 的信息收集、自主智能体、动画和多智能体。人工智能中一些典型的规划问题如下：

（1）对时间、因果关系和目的的表示和推理。

（2）在可接受的解决方案中物理的和其他类型的约束。

（3）规划执行中的不确定性。

（4）如何感知现实世界。

（5）可能合作或互相干涉的多个智能体。

自动规划是一种重要的问题求解技术。与一般问题求解相比，自动规划更注重问题的求解过程，而不是求解结果。此外，自动规划要解决的问题，如机器人问题，往往是现实世界问题，而不是比较抽象的数学模型问题。

以机器人规划与问题求解作为典型例子来讨论自动规划，是因为机器人规划能够得到形象和直观的检验。机器人规划是机器人学的一个重要研究领域，也是人工智能与机器人学一个令人感兴趣的结合点。机器人规划的原理、方法和技术可以推广应用到其他规划对象或系统上。

虽然通常人们会将规划和调度视为相同的问题类型，但它们有一个明确的区别：规划关注“找出需要执行哪些操作”，而调度关注“计算出何时执行动作”。规划侧重于为实现目标选择适当的行动序列，而调度侧重于资源约束（包括时间）。可以把调度问题当作规划问题的一个特例。

在人工智能领域，所有规划问题的本质就是将当前状态（可能是初始状态）转变为目标状态。求解规划问题所遵循的步骤顺序称为操作符模式。**操作符模式**表征**动作或事件**（可互换使用的术语）。操作符模式是变量，这些变量可以用值（常数）代替，构成描述特定动作的操作符实例。“操作符”这个术语可以用作“操作符模式”或“操作符实例”的同义词。

13.1.3 规划应用示例

13.1.3

在魔方拼图和 15 拼图（图 13-1）的移动方块示例中可以找到规划的应用，与此类似的还有国际象棋、桥牌以及调度问题。

由于运动部件的规律性和对称性，在自动化领域非常适合开发和应用规划算法。例如，计算机和机器人视觉领域的一个典型问题是让机器人识别墙壁和障碍物，在迷宫中移动并成功地到达其目标（图 13-2）。

在生产制造领域，人们应用规划来解决组装、可维护性和机械部件拆卸问题，通过运动规划自动计算从组装件中移除零件的无碰撞路径。图 13-3 是一个在汽车装配线上协助制造的机器人手臂。

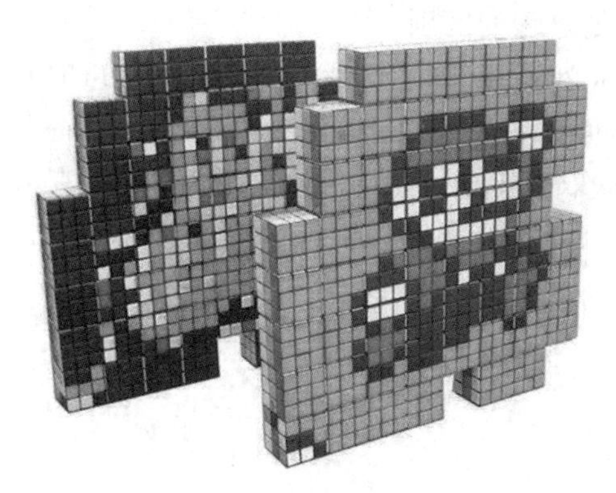

魔方拼图

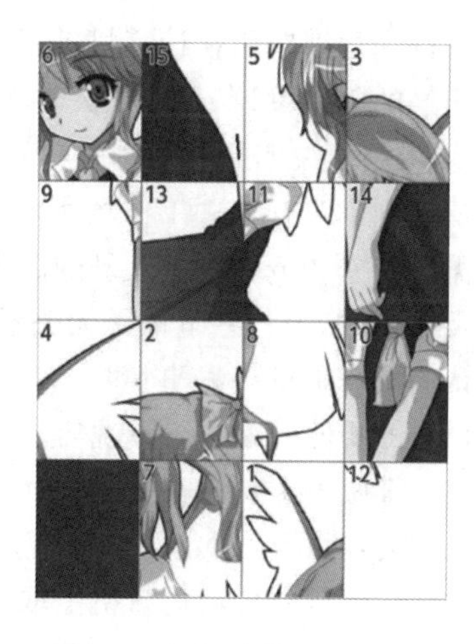

15 拼图

图 13-1 魔方拼图与 15 拼图示例

图 13-2 典型的迷宫问题

图 13-3 在汽车装配线上协助制造的机器人手臂

将自动规划应用在计算机动画中，根据任务计算场景中人物的动画，使动画师可以专注于场景的整体设计，而无须关注如何在逼真、无碰撞的路径中移动人物的细节。

示例 13-1 说明制定规划过程和执行规划过程的区别。

请规划你离开家去工作场所的过程。你必须出席上午 9:00 的会议。上班时在路上通常需要花费 40min。在上班的路上，你还可以做一些自己喜欢做的事情——一些事情是非常重要的，另一些事情是无关紧要的，这取决于你可用的时间。下面列出的是在工作前你认为要完成的一些事情：

(1) 将几件衬衫送至干洗店。

(2) 将瓶子送到回收处。

(3) 丢弃垃圾。

(4) 在银行的自动提款机上取现金。

(5) 以本地最便宜的价格购买汽油。

(6) 为自行车轮胎充气。

(7) 清理汽车内部。

(8) 为汽车轮胎充气。

你可能立刻会问这些事情(以下按照规划的观点将它们称为任务)的限制时间。也就是说，在保证你能够准时参加会议的情况下，这些任务有多少可用的时间？

你于早上 7:00 起床，认为两个小时已经足够执行上述许多任务，并能及时参加上午 9:00 的会议。

在上述 8 项可能完成的任务中，你很快就会确定只有两项是非常重要的：第 4 项(取现金)和第 8 项(为汽车轮胎充气)。第 4 项很重要，因为根据经验，如果现金不足，那么你这一天会寸步难行，因为你需要购买餐点、咖啡和其他可能的物品。第 8 项可能比第 4 项更重要，这取决于汽车轮胎中还有多少气。在极端情况下，轮胎瘪了可能会导致你无法驾驶或无法安全驾驶。

现在，你确定第 4 项和第 8 项任务很重要。这就是分级规划的例子，也就是对必须完成的任务进行分级或赋予权值。换句话说，并不是所有的任务都是同等重要的，可以按照重要性对它们进行排序。

你查询是否有靠近银行 ATM 的加油站，结论是最近的加油站距离银行约 3 个街区。你又想："在银行附近的哪个加油站会有轮胎的充气泵？"这是一个机会规划的例子。也就是说，你正在尝试利用在规划形成和规划执行过程中的某个状态所提供的条件和机会。

在这一点上，第 1～3 项任务看起来完全不重要；第 6、7 项任务看起来同样不重要，并且这些任务更适合周末完成，因为周末可以有更多时间完成这样的任务。

基于某些可能发生的事件或某些紧急情况所做出的规划称为条件规划。这种规划通常作为一种有用的"防御性"措施，或者必须考虑到一些可能发生的事件。例如，如果计划 7 月在杭州举办大型活动，那么就应该考虑台风保险。

有时候，我们只能规划事件(操作符)的某些子集，这些事件的子集可能会影响我们达成目标，但无须特别关注这些步骤执行的顺序。这种规划称为部分有序规划。在示例 13-1 的情况下，如果汽车轮胎的情况不是很糟糕，那么可以先去加油站充气，也可以先到银行取现金。但是，如果汽车轮胎确实瘪了，那么执行该规划的顺序是先修理汽车轮胎，然后进行其他任务。

通过注意更多的现实情况，我们就可以结束这个例子了。即使2h看起来可以做很多事情，我们依然需要40min的上班时间，但是人们很快就意识到，即使在这个简单的情况下，也有许多未知数。例如，去加油站、充气泵处或银行可以有很多条路线；在高速公路上可能会发生事故，拖延了上班时间；也可能会有警察检查、发生火警等突发情况，这些也会导致延迟。换句话说，有许多未知事件可能会干扰最佳规划。

13.2 规划方法

规划可用来监控问题求解过程，并能够在造成较大的危害之前发现差错。规划的好处可归纳为简化搜索，解决目标矛盾，为差错补偿提供基础，以及把某些较复杂的问题分解为一些较小的子问题。

13.2.1 规划即搜索

13.2.1

规划本质上是一个搜索问题，计算步骤数、存储空间、正确性和最优性都涉及搜索技术的效率。找到一个有效的规划，从初始状态开始，并在目标状态处结束，一般要涉及探索潜在大规模的搜索空间。如果有不同的状态或部分有序规划相互作用，事情会变得更加困难。因此，研究结果也证明了，即使是简单的规划问题，在求解规模方面也可能是指数级的。

1. 状态空间搜索

早期的规划工作集中在游戏和拼图的"合法移动"方面，发现一系列移动，将初始状态转换到目标状态，然后应用启发式来评估到达的状态与目标状态的"接近度"，这些技术已经应用到规划领域了。

2. 中间结局分析

最早的人工智能系统的一般问题求解器使用了一种称为中间结局分析的问题求解和规划技术，在中间结局分析背后的主要思想是减小当前状态和目标状态之间的距离。也就是说，如果要测量两个城市之间的距离，算法将选择能够在最大程度上减小到目标城市距离的移动，而不考虑是否有可能从中间城市达到目标城市。这是一个贪心算法，它对经过的位置没有任何记忆，对其任务环境没有特定的知识。

例如，想从美国的纽约到加拿大的渥太华，距离是682km，估计需要约9h的车程。飞机只需要1h，但由于这是一次国际航班，费用高达600美元。

对于这个问题，中间结局分析自然倾向于选择飞行，但这是非常昂贵的。一个可替代方法是结合时间和金钱的成本效率，同时允许充分的自由，即飞往纽约州锡拉丘兹(最接近渥太华的美国大城市)，然后租一辆车，开车到渥太华。就这个解决方案而言，可能会有一些关键性因素。例如，你必须考虑租车的实际成本，你将在渥太华度过的天数以及你是否真的需要在渥太华开车。根据这些问题的答案，你可以选择长途汽车或火车来满足部分或全部的交通需求。

13.2.2 部分有序规划

13.2.2

部分有序规划(Partial-Order Planning，POP)被定义为"事件(操作符)的某个子集可以实现、达到目标，而无须特别关注执行步骤的顺序"的规划。在部分有序规划器中，可以使用操作符的部分有序网络表示规划。在制定规划过程中，只有当问题请求操作符之间存在有序链时才引进它，在这个意义上，部分有序规划器表现为最小承诺。相比之下，完全有序规划器使用操作符序列表示其在搜索空间中的规划。

部分有序规划通常有以下 3 个组成部分：

(1) 动作集，例如{开车上班，穿衣服，吃早餐，洗澡}。

(2) 顺序约束集，例如{洗澡，穿衣服，吃早餐，开车去上班}。

(3) 因果关系链集，例如{洗澡→吃早餐→穿衣服→开车上班}。

这里的因果关系链是，如果你不想没穿衣服就开车上班，那么请在开车上班前穿好衣服。在不断完善和实现部分规划时，这种因果关系链有助于检测和防止不一致。

在标准搜索中，节点等于具体世界(或状态空间)中的状态；在规划世界中，节点是部分规划。因此，部分规划包括以下内容：

- 操作符应用程序集：S_i。
- 部分(时间)顺序约束：$S_i < S_j$。
- 因果关系链：$S_i \rightarrow S_j$。

操作符是在因果关系条件上的动作，可以用来获得开始条件。开始条件是未被因果关系链描述的动作的前提条件。

这些步骤组合形成一个部分规划：

- 为获得开始条件，使用因果关系链描述动作。
- 从现有动作到开始条件过程中，得出因果关系链。
- 在上述步骤之间得出顺序约束。

图 13-4 描绘了一个简单的部分有序规划。这个规划从家里开始，到家里结束。

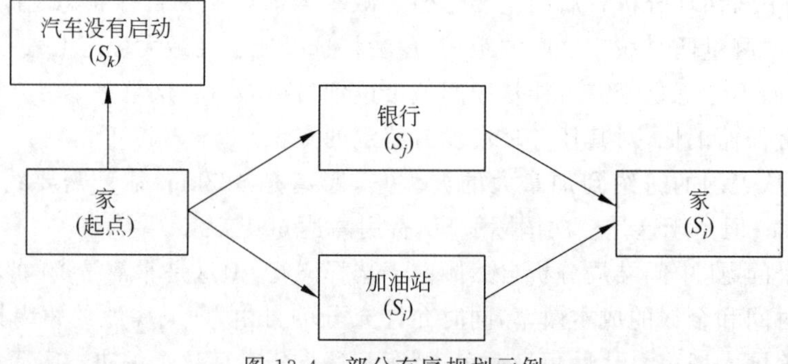

图 13-4 部分有序规划示例

在部分有序规划中，不同的路径(如首先选择去银行还是加油站)不是可选规划，而是可选动作。如果每个前提条件都能达成(到银行和加油站，然后安全回家)，就说规划完成了。当动作顺序完全确定后，部分有序规划就变成了完全有序规划。例如，如果发现汽车的油箱几乎是空的，就无法开车上班，因此油箱里有足够的汽油是开车上班的前提条件。当且仅当达成每个前提条件时，规划才能完成。当一些动作 S_k 发生时，会阻止实现规划中的前提条件，阻碍了规划的执行，就说发生了对规划的威胁。威胁是一个潜在的干扰步骤，阻碍因果关系达成前提条件。

在上面的例子中，如果车子没有启动，那么这个威胁就可能会推翻规划。

总之，当与良好的问题描述结合时，部分有序规划是一种健全、完整、有效的规划方法。如果失败，它可以回溯到选择点。部分有序规划对子目标的顺序非常敏感。

13.2.3 分级规划

13.2.3

并不是所有的任务都处于同一个重要级别，一些任务必须在进行其他任务之前完成，而其他任务可能会交错进行。层次结构有助于降低复杂性。

分级规划通常由动作描述库组成，而动作描述包含了组成规划的一些前提条件的操作符。其中一些动作被分解成多个子动作，在更详细的(较低的)级别上操作。因此，一些子动作被定义为原语，即不能进一步分解为更简单和任务。

分级规划已经得到广泛的实际应用，如物流、军事运行规划、事故应急(例如漏油)、生产线调度、施工规划等，又如任务排序、卫星控制的空间应用和软件开发等。

13.2.4 基于案例的规划

13.2.4

基于案例的规划是一种经典的人工智能技术，它能够描述某个系统中状态的先前实例并确定新情况与先前情况的相符程度。

在基于案例的规划中，学习的过程是通过规划重演以及在类似情况下使用过的先前规划进行派生类比。基于案例的规划侧重于应用过去的成功规划以及从过去失败的规划中恢复。

基于案例的规划器设计用于寻找以下问题的解决方案：

- 规划内存表示。决定存储的内容以及内存的组织问题，以便高效地检索和重用旧规划。
- 规划检索。检索一个或多个解决过类似问题的规划问题。
- 规划重用。为解决新问题而重新利用检索到的过去的规划。
- 规划修订。成功测试新规划；如果规划失败了，则修复规划。
- 规划保留。存储新规划，以便用于将来的规划问题。通常情况下，如果新规划失败了，则此规划与导致其失败的原因一起被存储。

基于案例的规划器使用合理的局部选择，通过积累和协商实现成功的规划。重复使用部分匹配学习到的经验，新问题只要与过去的问题相似，就可以重新使用过去的规划，这样就不需要验证过去的规划的正确性，因此也就不需要完整的领域理论。在局部决策的学习过程中可以增加对所学知识的转移功能（但是也增加了匹配成本），因此还需要定义问题相似性度量。为了完成此类任务，现代规划系统通常要采用机器学习方法。

13.3 著名的规划系统

规划系统研究开发历史上有 3 个重要的早期系统。第一个规划系统是 STRIPS；随后，斯坦福大学研究所提出 NOAH 系统，总结了 STRIPS 的规划思想；接着出现的是 NONLIN，它继承了 NOAH 的思想并有所发展。后来，又陆续开发了一些新的规划系统，例如O-PLAN。

13.3.0

1983—1999 年，爱丁堡大学的泰特（Austin Tate）在 NONLN 系统的基础上开发了 O-PLAN。O-PLAN 是用 Common LISP 编写的，可用于网络规划服务（自 1994 年起）。O-PLAN 扩展了 NONLIN 的分级规划系统。这个系统能够将规划生成为部分有序活动网络，这些网络可以检查时间、资源、搜索等方面的各种限制。

O-PLAN 是一个实用的规划器，可以用于各种人工智能规划，它包括以下特征：

• 领域知识引导和建模工具。
• 丰富的规划表示和使用。
• 分级任务网络规划。
• 详细的约束管理。
• 基于目标结构的规划监测。
• 动态问题处理。
• 具有不同角色的用户接口。
• 规划和执行工作流管理。

O-PLAN 已经实际应用于下列项目：

• 空中战役规划。
• 非战斗人员撤离行动。
• 搜索与救援协调。
• 陆军小组行动。
• 航天器任务规划。
• 施工规划。
• 工程任务。
• 指挥与控制无人驾驶自动汽车。

【作 业】

1. ( )属于高级的求解系统与技术。

A. 自动规划与专家系统 B. 图像处理与语音识别

C. 机器人与专家系统 D. 图像处理与机器人

2. 通常认为规划是一种( )的活动。

A. 与人类不太有关 B. 与人类密切相关

C. 人类偶尔为之 D. 人类将要开展

3. 下面关于规划的说法中,不正确或者不合适的是( )。

A. 规划代表了一种非常特殊的智力指标,即为了实现目标而对活动进行调整的能力

B. 在日常生活中,规划意味着在行动之前决定其进程

C. 规划指的是在执行一个问题求解程序中任何一步之前计算该程序后面几步的过程

D. 规划是一项随机的活动

4. 大多数规划都具有( )结构。

A. 单一 B. 简单 C. 子规划 D. 复杂

5. 规划有几个突出的特点,但下面的( )不属于这几个特点之一。

A. 为了完成任务,可能需要完成一系列确定的步骤

B. 需要加强团队互动建设

C. 定义问题解决方案的步骤顺序可能是有条件的

D. 构成规划的步骤可能会根据条件进行修改

6. 自动规划是一种重要的技术。与一般问题求解相比,自动规划更注重问题的( )。

A. 求解过程 B. 求解结果 C. 分析过程 D. 分析结果

7. 自动规划要解决的问题往往是( )问题。

A. 数学模型 B. 真实世界 C. 抽象世界 D. 理论

8. 在研究自动规划时,往往以( )与问题求解作为典型例子加以讨论,这是因为它们能够得到形象的和直觉的检验。

A. 图像识别 B. 语音识别 C. 机器人规划 D. 数学模型

9. 在魔方拼图和15拼图的示例中,可以找到人们很熟悉的规划应用,其中包括( )问题。

A. 国际象棋 B. 桥牌 C. 调度 D. A、B和C

10. 示例13-1通过规划离开家去工作的过程说明了( )之间的区别。

A. 制定规划过程和执行规划过程 B. 算法与程序

C. 对象与类 D. 复杂与简单

11. 规划本质上是一个(　　)问题。

A. 算法　　B. 搜索　　C. 输出　　D. 分析

12. (　　)不是启发式搜索技术。

A. 最小承诺搜索　　B. 选择并承诺

C. 深度优先回溯　　D. 自下而上

13. 部分有序规划通常有3个组成部分,(　　)不属于其中之一。

A. 动作集　　B. 顺序约束集　　C. 数据集　　D. 因果关系链集

14. 规划适用于层次结构,也就是说,(　　)所有的任务都处于同一个重要级别,一些任务必须在进行其他任务之前完成,而其他任务可能会交错进行。

A. 并不是　　B. 通常　　C. 一般　　D. 几乎

【研究性学习】 用人工智能辅助课程和职业规划

小组活动:了解海外留学的一般情况,理解人工智能辅助下的课程与职业生涯规划。通过网络搜索,了解更多关于自动规划的知识。

记录:请记录小组讨论的主要观点,推选代表在课堂上简单阐述你们的观点。

评分规则:若小组汇报得5分,则小组汇报代表得5分,其余同学得4分,以此类推。

实训评价(教师):

人工智能的发展

14.1 未来的人工智能

人工智能正在逐渐影响着人们生活的方方面面。智能代理在股市上买卖股票，神经网络检测信用卡是否被盗用，银行网站的在线助理是聊天机器人，飞机自动起飞和降落，手机自动语音反馈，相机自动对焦人脸……所有这些功能都建立在人工智能的基础上。

创造通用智能的尝试始于20世纪80年代。新兴技术逐渐地将现实世界变成自己的模型，这些技术内嵌于机器人系统中，从而通过与现实世界的交互不断学习并得到发展。人工智能并不只关注模仿人类大脑，许多人工智能技术已被广泛运用于各行各业，人们正在思考人工智能进一步发展所需的其他科学技术。

14.1.1 工作型机器人

日本大阪大学开发的Actroid系列机器人(图14-1)可以说是高度精细的“人类复刻品”，该系列机器人可以模仿人类动作、表情并与对话者保持眼神交流。

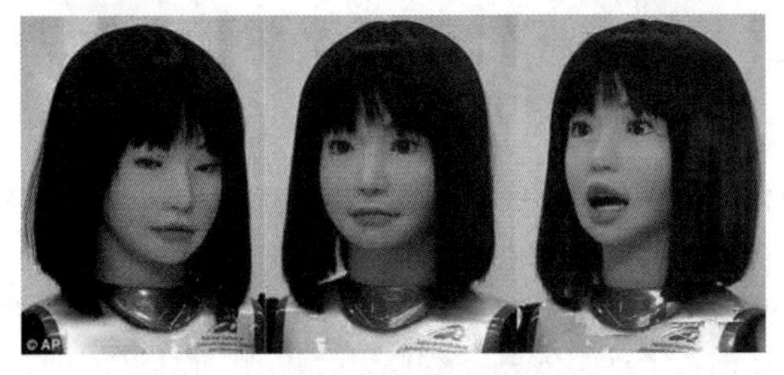

图14-1 Actroid系列机器人之一

14.1.1

人们已经制造出了能像乌贼一样游泳、像鸟一样飞翔、像蛇一样蠕动的机器人。美国麻省理工学院的猎豹机器人(MIT cheetah)能够高速奔跑和跃过障碍物(图14-2)。麻省理工学院的科学家称其以奔跑速度最快的陆地动物——猎豹为原型。

现在已经有了与人的神经相连或直接与人的大脑相连的机械义肢的样机，虽然它们还较为笨拙，但义肢上的神经网络具备学习程序，可以学习解读从用户大脑中传来的信号；与此同时，使用者的大脑也在学习如何生成正确的信号。

图 14-2　MIT Cheetah 在田径场上

已经有了可以作酒店客房保洁员和服务员的机器人(图 14-3 中的(a)图)。汽车制造这类需要半熟练技术的工作,早在数十年前大部分基于机器人技术实现了自动化(图 14-3中的(b)图)。

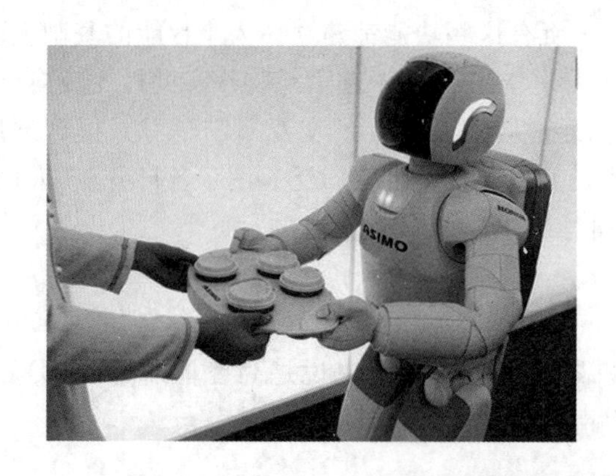

(a) 酒店客房服务员

(b) 工业机器人

图 14-3　工作型机器人

股市和金融公司里技术含量较高的工作,其人工智能应用程度正逐渐加强。而那些只能由人类完成的工作通常都要求人类独有的基本技能,即理解语言和认知世界。无疑,随着科技的进步,机器人和人工智能技术将胜任越来越多我们一直以为需要人类智能才能完成的工作。新技术的应用同样创造了许多需要人类智能的新型工作岗位。

在不久的将来,专家系统、聊天机器人及智能设备将变得更为普及和智能。随着专家系统和自然语言语法分析程序变得简单,聊天机器人可以与人类关于有限的主题进行交谈,它们可以像人类一样给出专业建议。

14.1.2　技术加速

14.1.2

人们已经设计出了脑机接口。自 1957 年以来,人工电子耳蜗就被用来帮助大量失聪人士解决听力问题(图 14-4)。麦克风收集周围环境声音后对信号进行处理,再传送至内耳的电极。早期单一频道的耳蜗只能帮助患者辨别节奏,而现代耳蜗的频道超过20个。尽管这是巨大的进步,但还不能使患者拥有正常的听力。

人工电子耳蜗技术比较简单,因为可以轻易地在内耳中触及需要刺激的神经末梢。类似地,视觉神经细胞分布于视网膜上,某些失明病例也可以通过视网膜植入得到治疗。就像听觉病例一样,通过植入恢复的视觉也十分有限。在初始阶段,患者的视觉仅仅是从失明转为弱视而已,他们可以看见光亮和某些形状,可以通过辨认街灯来判断道路走向。

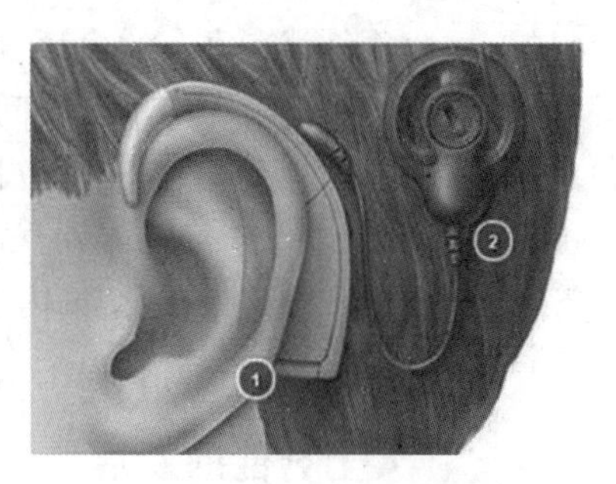

图 14-4 人工电子耳蜗是脑机接口的早期成功案例

同样可以通过检测肌肉或神经纤维的活动获得的信号控制义肢的动作。有一款这类设备利用腹部肌肉控制机械臂。研究人员现在开始尝试使用断臂的神经信号。当前的人造手掌只能做到开合手指,人可以控制握拳的方式,手指也会相应地收回,但无法单独控制每根手指,人也不会感受到任何反馈,不会有疼痛感,也无法感受到握紧物体时的压力感,尽管要实现这些也不是不可能的。未来有可能制造出像人的肢体一样工作良好的义肢。当然,义肢不可能超越人的肢体。强壮的手臂需要强健的骨骼作为支撑,更强大的力量则需要更重的电池提供能量,这些都是义肢研究中的困难。

未来有可能将数以千计的神经元直接与单个植入设备相连,也就是说,耳部或眼部植入物将给听觉或视觉功能障碍人士带来真实的听觉或视觉体验。未来甚至可以通过在大脑中植入接口来控制义肢。这类植入技术可以用于治疗许多与神经系统功能障碍有关的疾病,例如老年痴呆症和帕金森症。当然,这一切都只是假设,它们的实现还很遥远。

14.1.3 电子游戏的智能水平

14.1.3

电子游戏是常常被人们忽视的人工智能应用领域(图 14-5)。在早期的枪战游戏中,怪兽只能简单地朝着玩家所在位置移动。后来,它们学会了在可能的情况下利用环境掩护自己。现在的怪兽已经能够通过团队作战来努力智取玩家。这些行动背后的技术比植入机器人内部的任何技术都要先进得多。

图 14-5 电脑游戏

游戏为高水平智能行为提供了完美的发展空间。20世纪80年代时开发这些功能的尝试以失败告终，这是因为现实世界复杂到无法在计算机中建模。即使计算机的性能足够强大，这样的模型也过于庞大和复杂，基本上不可能整个输入系统之中。但游戏世界是受限的，每个角色都有完备的模型，规定其如何操作以及什么时间会发生什么。对游戏而言，模式的规模和复杂性都不是大问题。未来，人们在计算机和手机上接触到的游戏将具备更多自然交互的功能。游戏角色将拥有自己的生命，而不是遵循预定安排，他们将能够自主思考和计划。玩家可以与计算机控制的角色直接交谈，得到真实并带有感情色彩的回答。当然，局限肯定存在，交谈内容还是仅限于与游戏相关的话题，但整个过程将显得十分自然。

14.1.4 强人工智能的发展

14.1.4

现在的人工智能技术并不是为了创造思考机器，而只不过是利用大量规则来模拟智能。然而，强人工智能将不断进步，从眼下的仿甲虫机器人，沿着进化的阶梯向上攀登，直到创造出具有哺乳动物智能的设备，可能是一只狗或一只松鼠。这些设备可以用于应对灾害以及完成一些危险但技术含量低的工作。

或许只需要用几十年的时间，就可以造出拥有人脑般处理能力的计算机。到那时，人们可能已经制造出能在现实世界中运作的机器人，它们至少具备一个“不那么聪明”的人的行为能力。它们将利用与人类神经系统相同的方法来实现低级别功能，其他的则更多依靠计算机科学而不是神经生物学。正是因为如此，它们没有生命，也不具备自我意识。这类机器人可以用于完成重复性工作，工作场景必须相对固定，遭遇突发情况的概率较低。即使是这样，它们还是常常会不知所措，它们带来的麻烦事比做出的贡献要多得多，这可能也是前沿科技的隐忧。

创造真正的人工智能需要的绝不仅仅只是内存大、速度快的计算机。为此，它需要研究大脑的运作，要使用更先进的扫描和探测工具，也需要研究各类技术，要进行大量实验并积累大量错误以构建原型。所有这些都需要时间，没有人能确定到底需要多久。这样的人工智能可以用于完成人类力所不逮的许多任务，如太空探索，但它们也将面临与人类一样的缺点的困扰。几乎可以肯定，正是在不同物体间建立联系的能力可以帮助人类解决一些意料之外的问题。同人脑类似的思维也会胡思乱想，会拥有各种情感，因为这是人类思维固有的特点。像人类一样，人工智能设备也会犯错误，需要高效地学习不同技能。

14.1.5 机器能思考吗

14.1.5

强人工智能的实现与否并不妨碍机器人正在变得像人类一样智能，尽管它们缺乏自我意识。只要计算机功能足够强大，弱人工智能和实用型人工智能对满足人们可能的所有需求来说已经足够了。如果人造思维能做到所有人类可以做到的事，不管它有没有自我意识都无关紧要。人类可以派机器人来完成持续几十年的星际探索，因为它们可以在轻易进入休眠模式之后再被唤醒。人类也可以让机器人完成危险的工作，因为即便它们死亡也不会使相关的人和事陷入任何伦理困境。

如果人们清楚地知道人脑如何运作,就可以在计算机中进行模拟,使其以与人脑完全一致的方式工作。也许几十年后这一目标可以实现,但现在人们对大脑的认识还不够,无法编写相应的程序。当然,还需要传感器和传动器来模拟身体其他部位,而这一点仅凭现在的能力也无法实现。不能简单地将真实或模拟人脑与激光测距器、摄像机、麦克风、气缸和电动机相连,大脑已经进化到可以利用眼睛和耳朵来处理数据及精准控制肌肉。也许我们不应该期待在计算机中建设人脑,而是创造出全新的智能,拥有完全不同的传感器和受动器。这样的思维对我们来说将是完全陌生的,不同于现存的任何生物。

14.2 创新发展与社会影响

2018年9月17日,世界人工智能大会在上海开幕,习近平总书记致信祝贺并强调指出:“人工智能发展应用将有力提高经济社会发展智能化水平,有效增强公共服务和城市管理能力。”学习领会习总书记关于人工智能的一系列重要论述,务实推进我国《新一代人工智能发展规划》,有效规避人工智能鸿沟,着力收获人工智能红利,对将我国建设成为世界科技强国、实现“两个一百年”的奋斗目标具有重大战略意义。

14.2.0

2019年8月29日,世界人工智能大会在上海开幕(图14-6),这次大会以“智联世界、无限可能”为主题,以高端化、国际化、专业化、市场化、智能化为特色,成为世界顶尖的智能合作交流平台、业内广受赞许的专业性学术会议和具有国际水平和影响力的行业盛会。

图14-6 2019年世界人工智能大会

经过60多年的发展,人工智能已取得突破性进展,在经济社会各领域得到广泛应用并引领新一轮的产业变革,推动人类社会进入智能化时代。美国、日本、德国、英国、法国、俄罗斯等国家都制定了发展人工智能的国家战略,我国也于2017年发布了《新一代人工智能发展规划》,国家发展改革委员会、工业和信息化部、科技部、教育部等部委和一些地方政府相继出台了推动人工智能发展的相关政策文件,社会各界对人工智能的重大战略意义已形成广泛共识。

总体上看,人工智能当前的发展具有“四新”特征:

(1) 以深度学习为代表的人工智能核心技术取得新突破。

(2) “智能+”模式的普适应用为经济社会发展注入新动能。

(3) 人工智能成为世界各国竞相进行战略布局的新高地。

(4) 人工智能的广泛应用给人类社会带来法律法规、道德伦理、社会治理等一系列新挑战。

人们普遍认为,人工智能的蓬勃兴起将带来新的社会文明,推动产业变革,深刻改变人们的生产和生活方式,是一场影响深远的科技革命。

14.2.1 人工智能发展的启示

14.2.1

人工智能的目标是模拟、延伸和扩展人类智能,探寻智能本质,发展类人智能机器,其探索之路充满未知且曲折起伏。

通过总结人工智能发展历程中的经验和教训,可以得到以下启示:

(1) 尊重发展规律是推动学科健康发展的前提。科学技术的发展有其自身的规律,人工智能学科发展需要基础理论、数据资源、计算平台、应用场景的协同驱动,当条件不具备时,很难实现重大突破。

(2) 基础研究是学科可持续发展的基石。加拿大多伦多大学杰弗里·辛顿教授坚持研究深度神经网络 30 年,奠定了人工智能蓬勃发展的重要理论基础。谷歌公司 DeepMind 团队长期深入研究神经科学启发的人工智能等基础问题,取得了阿尔法狗等一系列重大成果。

(3) 应用需求是科技创新的不竭之源。学科发展的动力主要来自科学和需求两方面。人工智能发展的驱动力除了知识与技术体系的内在矛盾外,贴近应用、解决用户需求是创新的最大源泉与动力。例如,人工智能专家系统实现了从理论研究走向实际应用的突破,而安防监控、身份识别、无人驾驶、互联网和物联网、大数据分析等应用需求带动了人工智能的技术突破。

(4) 学科交叉是创新突破的捷径。人工智能研究涉及信息科学、脑科学、心理学等,20 世纪 50 年代人工智能的出现就是学科交叉的结果。特别是脑认知科学与人工智能的成功结合,带来了人工智能神经网络几十年的持久发展。智能本源、意识本质等一些基本科学问题正在孕育重大突破,对人工智能学科发展具有重要促进作用。

(5) 宽容失败是支持创新的基本态度。任何学科的发展都不可能一帆风顺,任何创新目标的实现都不会一蹴而就。人工智能 60 余年的发展生动地诠释了一门学科创新发展起伏曲折的历程。可以说,没有过去发展历程中的寒冬,就没有今天人工智能发展新的春天。

(6) 实事求是地设定发展目标是制定学科发展规划的基本原则。达到全方位类人水平的机器智能是人工智能学科宏伟的终极目标,但是需要根据科技和经济社会发展水平来设定合理的阶段性研究目标,否则会有挫败感,从而影响学科发展。人工智能发展过程中的几次低谷皆因不切实际的发展目标所致。

14.2.2 人工智能的发展现状与影响

14.2.2

从技术维度来看，人工智能技术突破集中在专用人工智能方面，而通用人工智能的发展仍处于起步阶段。从产业维度来看，人工智能创新创业如火如荼，技术和商业生态已见雏形。从社会维度来看，世界主要国家纷纷将人工智能上升为国家战略，人工智能的社会影响日益凸显。下面从6个方面具体论述。

1. 专用人工智能取得重要突破

面向特定领域的人工智能技术(即专用人工智能)由于任务单一、需求明确、应用边界清晰、领域知识丰富、建模相对简单，因此在人工智能领域形成了单点突破的局面，在局部智能水平的单项测试中可以超越人类智能。人工智能的近期进展主要集中在专用人工智能领域，统计学习是专用人工智能走向实用的理论基础。深度学习、强化学习、对抗学习等统计机器学习理论在计算机视觉、语音识别、自然语言理解、人机博弈等方面取得了成功应用。例如，阿尔法狗在围棋比赛中战胜人类冠军，人工智能程序在大规模图像识别和人脸识别中展现了超越人类的水平，语音识别系统5.1%的错误率比肩专业速记员，人工智能系统诊断皮肤癌达到专业医生水平。

2. 通用人工智能尚处于起步阶段

人的大脑是一个通用的智能系统，能举一反三、融会贯通，可处理视觉、听觉、判断、推理、学习、思考、规划、设计等各类问题，可谓“一脑万用”。真正意义上完备的人工智能系统应该是一个通用的智能系统。美国国防高级研究计划局把人工智能发展分为3个阶段：规则智能、统计智能和自主智能，美国国防高级研究计划局认为，当前国际主流人工智能水平仍然处于第二阶段，核心技术依赖于深度学习、强化学习、对抗学习等统计机器学习，人工智能系统在信息感知、机器学习等智能水平维度进步显著，但是在概念抽象和推理决策等方面能力还很弱。

3. 人工智能创新创业如火如荼

全球产业界充分认识到人工智能技术引领新一轮产业变革的重大意义，纷纷调整发展战略。例如，谷歌公司明确提出将发展战略从Mobile First(移动优先)转向AI First(AI优先)，微软公司将人工智能作为公司发展愿景。

4. 创新生态布局成为人工智能产业发展的战略高地

信息技术和信息产业的发展史就是新老信息产业巨头抢滩布局信息产业创新生态的兴衰史。例如，传统信息产业的代表企业有微软、英特尔、IBM、甲骨文等，互联网和移动互联网环境下新型信息产业的代表企业有谷歌、苹果、脸书、亚马逊、阿里巴巴、腾讯、百度等，目前人工智能产业的格局还没有形成垄断，因此全球科技产业巨头都在积极推动人工智能产业生态的布局，全力抢占人工智能相关产业的制高点。

人工智能创新生态包括纵向的数据平台、开源算法、计算芯片、基础软件、图形处理服务器等技术生态和横向的智能制造、智能医疗、智能安防、智能零售、智能家居等商业和应用生态。

在技术生态方面，人工智能算法、数据、图形处理器/张量处理器/神经网络处理器计算、运行/编译/管理等基础软件已有大量开源资源；此外，谷歌、IBM、英伟达、英特尔、苹果、华为、中国科学院等积极布局人工智能领域的计算芯片。

在商业和应用生态方面，“智能＋X”成为创新范式，例如“智能＋制造”“智能＋医疗”“智能＋安防”等。人工智能技术向创新性的消费场景和不同行业快速渗透融合并重塑整个社会发展，这是人工智能作为第四次技术革命关键驱动力的最主要表现方式。人工智能商业和应用生态竞争进入白热化，例如智能驾驶汽车领域的参与者既有通用、福特、奔驰、丰田等传统汽车业龙头企业，又有谷歌、特斯拉、优步、苹果、百度等新贵。

5. 人工智能上升为世界主要国家的重大发展战略

人工智能正在成为新一轮产业变革的引擎，必将深刻影响国际产业竞争格局和各个国家的国际竞争力。世界主要发达国家纷纷把发展人工智能作为提升国际竞争力、维护国家安全的重大战略，积极谋划政策，围绕核心技术、顶尖人才、标准规范等强化部署，力图在新一轮国际科技竞争中掌握主导权。无论是德国的“工业 4.0”、美国的“工业互联网”、日本的“超智能社会”、还是我国的“中国制造 2025”等重大国家战略，人工智能都是其中的核心关键技术。

6. 人工智能的社会影响日益凸显

人工智能的社会影响是多元的，既有拉动经济、服务民生、造福社会的正面效应，又可能出现安全失控、法律失准、道德失范、伦理失常、隐私失密等社会问题以及利用人工智能热点进行投机炒作可能导致的泡沫风险。

人工智能的发展突破了被称为“三算”的算法、算力和算料（数据）的制约，拓展了互联网、物联网的应用场景，开始进入蓬勃发展的黄金时期。

人类社会已迈入智能化时代，人工智能引领社会发展是大势所趋，不可逆转。经历 60 余年积累后，人工智能开始进入爆发式增长的红利期。伴随着人工智能自身的创新发展和人工智能向经济社会的全面渗透，这个红利期将持续相当长的时期。

14.2.3 建立人工智能生态系统

14.2.3

有些研究者认为，让计算机拥有智能是很危险的，它可能会反抗人类。这种观点已经在多部电影中出现过，其关键是能否允许机器拥有自主意识。如果允许机器拥有自主意识，则意味着机器具有与人同等或类似的创造性、自我保护意识、情感和自发行为。

2018 年 11 月 2 日，美国智库战略与国际研究中心（Center for Strategic and International Studies，CSIS）发表了题为《人工智能与国家安全——人工智能生态系统的重要性》的报告，阐释了人工智能生态系统的组成、当前人工智能投资情况、人工智能在国家安全领域中的应用等，并在分析人工智能生态系统构建必要性的基础上，对打造强健的人工智能生态系统提出了具体建议。

人工智能的能力，特别是其快速发展的机器学习能力以及日益变得在经济上可承受的计算能力，使其具有影响全球经济和军事的巨大潜力。这固然有其积极意义，但也使人们的注意力集中在技术方面。

人工智能生态系统包括以下几个方面：人工智能技术人才和管理人才；获取、处理和利用数据的能力；与人工智能相关的信任、安全性、可靠性的技术基础设施；人工智能技术蓬勃发展所需要的投资环境和政策框架。鉴于人工智能对人类及其生活的潜在影响日益受到广泛关注，要成功地应用人工智能，需要认真应对人才、技术、管理、投资和政策等方面所面临的挑战。

14.3 人工智能时代需要的人才

在人工智能时代，人才需求在哪里？需要什么样的人才？如何成为这个时代所需要的人才？

14.3.1 人工智能对就业的影响

14.3.1

“工业4.0”是德国政府在《2020高技术战略》中提出的十大未来项目之一。该项目由德国联邦教育局和联邦经济技术部联合资助，投资预计达2亿欧元，旨在提升德国制造业的智能化水平，建立具有适应性、资源效率及基因工程学的智慧工厂，在商业流程及价值流程中整合客户及商业伙伴。其技术基础是网络实体系统及物联网。

现代社会发展很快，在生活中出现了很多物联网智能化应用场景，例如商场、学校、机构、地铁、商业街等，可以说智能化场景无处不在。机器人便是人工智能领域最具代表性的成果。但是，人工智能发展之后，传统工业制造中的工人怎么办？

有调查显示，35.7%的受访者认为人工智能会减少人们的就业机会，认为不影响人们就业机会的受访者占30.9%，只有18.9%的受访者认为人工智能会增加人们的就业机会。人工智能的发展和应用有可能影响人们的就业，在增加人工智能相关新岗位的同时也会减少部分现有岗位。人工智能对现有职业的取代能力有可能使就业结构发生重要变革。

14.3.2 新创造的核心工作岗位

调查表明，由于人工智能的兴起，已经有不少新的就业机会被创造出来。在这些与人工智能相关的工作中，最常见的是人工智能软件工程师，它占人工智能相关工作岗位的11%。

同时，一些技术水平较低，与人工智能的关系不是很直接的岗位也在不断涌现。例如，有bot(机器人)撰稿人，他们专门撰写用于机器人和其他会话界面的对话；有新的用户体验设计师，这类工作主要来自智能音箱和虚拟个人助理等新兴市场；有研究知识产权系统的律师以及报道人工智能的记者，这些岗位的需求也在增多。

Cognizant 信息技术公司基于一项调查发布了一份有关人工智能相关工作未来的报告，根据目前可观察到的主要宏观经济、政治、人口、社会、文化、商业和技术趋势，提出了 21 个将在 10 年内出现并将成为未来工作基石的新工作。该报告提出的新工作也确实五花八门，如碳元素培育师、虚拟形象设计师、加密货币套利者、个人数据交易员、人体器官开发者、教机器人英语的人类教师、机器人理疗师、机器人美容顾问等。该报告认为这些都是年轻一代接下来可能从事的工作。该报告中给出的 21 种工作岗位都有望在 10 年内需求大幅增加，成为生活中常见的职业。该报告认为这些工作都将创造大量的就业机会。

14.3.3　未来的 5 个热门工作岗位

14.3.3

Gartner 最新发布的一份报告指出，尽管人工智能技术将取代人类现有的 180 万个工作岗位，但同时也将创造出 230 万个新的就业岗位。人工智能与过去所有的颠覆性技术一样，将为人们带来许多新的就业机会。

得益于人工智能技术的兴起，以下 5 个工作岗位将呈现出显著的增长趋势。

1. 数据科学家

数据科学家属于分析型数据专家中的一个新类别，他们对数据进行分析，以了解复杂的行为、趋势和推论，发掘隐藏的事实，帮助企业做出更明智的业务决策。数据科学家是数学家、计算机科学家和趋势分析人员的集合体。

以下是数据科学应用的一些例子：

(1) Netflix 通过数据挖掘技术来发现电影观看模式，了解观众的兴趣，再利用这些数据来指导剧本创作和拍摄。

(2) Target 使用消费者数据来确定主要客户群，并且对客户群中独特的购物行为进行分析，从而能将消息传递给不同的受众。

(3) 宝洁公司利用时间序列模型能够更加清晰地了解未来的产品需求，从而确定生产量。

2. 机器学习工程师

大多数情况下，机器学习工程师都会与数据科学家合作，因此，对于机器学习工程师的需求也会出现增长的趋势。数据科学家在统计和分析方面应该具有较强的能力；而机器学习工程师则应该具备计算机科学方面的专业知识，他们通常需要更强的编程能力。

3. 数据标签专业人员

随着数据收集技术在每个垂直领域的应用，数据标签专业人员的需求也将在未来呈现激增之势。在人工智能时代，数据标签专业人员可能会成为一个从业人员众多的蓝领工作。

IBM公司Watson团队负责人Guru Banavar表示："数据标签将变成数据的管理工作，你需要获取原始数据，对数据进行清理，并使用机器对数据进行收集。"人工智能科学家可以利用数据标签训练机器理解新任务。Banavar说："假设想训练一台机器识别飞机，有100万张照片，其中有一些照片中有飞机，有一些照片中没有飞机。这时就需要有人先教会计算机判断哪些照片中有飞机，哪些照片中没有飞机。"这就是标签的用处。

4. AI硬件专家

人工智能领域内另一种日益增长的蓝领工作是制造AI硬件(如GPU芯片)的操作性工作。例如，英特尔公司为机器学习专门打造了芯片，IBM公司和高通公司正在创建可以像神经网络一样运行的硬件架构，Facebook公司正在帮助高通开发与机器学习相关的技术。随着人工智能芯片和硬件需求的不断增长，生产这些AI硬件的工作岗位将会有所增长。

5. 数据保护专家

由于有价值的数据、机器学习模型和代码不断增加，未来也会出现数据保护方面的需求，因此也就会产生数据保护专家岗位。

数据库在很大程度上要通过网络安全措施(如防火墙和基于网络的入侵检测系统)来抵御黑客攻击。保护数据库系统及其中的程序、功能和数据的安全将变得越来越重要。

Frost&Sullivan公司高级副总裁安德鲁·米洛伊说："实现转型的过程中如果缺少必要的人力资源，将会降低技术采用和实现自动化的速度。人工智能会创造就业机会。随着新型、颠覆性技术的出现，新的高技能工作岗位也会出现。而没有人类劳动者，这些技术的实施是不可能实现的事情。"

14.4 人工智能与安全

跟其他高科技一样，人工智能也是一把双刃剑。2018年2月，牛津大学、剑桥大学和OpenAI公司等14家机构共同发布了题为《人工智能的恶意使用：预测、预防和缓解》的报告，指出人工智能可能在数字安全、物理安全和政治安全等方面给人类社会带来潜在威胁，并给出了一些降低风险的建议。

14.4.1 人才和技术基础设施短缺

14.4.1

对于很多潜在的人工智能应用领域而言，要想实现人工智能的成功应用，必须首先解决两方面突出问题：一是人才短缺问题，即无法吸引和留住人工智能技术开发和管理方面的人才；二是技术基础设施短缺问题。

人工智能目前仅能解决特定问题并具有严重的背景依赖性，这意味着人工智能当前执行的是有限的任务，主要通过嵌入较大型的系统来发挥作用。作为一种处于早期发展阶段的技术，人工智能促成的能力提高微不足道，这意味着，如果急于将人工智能投入使用，将面临巨大的前期成本，效益不高。

许多人工智能任务涉及人类生命或昂贵设备，因此在依靠人工智能来执行任务之前，要首先解决人工智能可靠性问题。在私营领域，许多与责任和知识产权相关的法律问题尚未得到充分研究；在公共部门，大量关键任务尚无明确途径确保人工智能的可靠性。以上都是对人工智能管理的挑战。只有建立了配套的人工智能生态系统，才能较好地解决上述问题。

14.4.2 安全问题不容忽视

人工智能的飞速发展在一定程度上改变了人们的生活。与此同时，由于人工智能尚处于初期发展阶段，该领域的安全、伦理、隐私的政策、法律和标准问题引起了人们的广泛关注。

人工智能最主要的特征是能够实现无人类干预的、基于知识并能够自我修正的自动化运行。在开启人工智能系统后，人工智能系统的决策就不再需要操控者进一步的指令，这种决策可能会产生人类预料不到的结果。设计者和生产者在开发人工智能产品的过程中可能并不能准确预知该产品可能带来的风险。因此，人工智能的安全问题不容忽视。

14.4.3 设定伦理要求

14.4.3

人工智能是人类智能的延伸，也是人类价值系统的延伸。在其发展的过程中，应当包含对人类伦理价值的正确考量。设定人工智能技术的伦理要求，要依托于社会和公众对人工智能伦理的深入思考和广泛共识，并遵循以下已达成共识的原则：

（1）人类利益原则，即人工智能应以实现人类利益为终极目标。这一原则体现了对人权的尊重、将人类和自然环境利益最大化以及降低技术风险和对社会的负面影响。在此原则下，政策和法律应致力于人工智能发展的外部社会环境的构建，推动对社会个体的人工智能伦理和安全意识教育，防范人工智能技术被滥用的风险。此外，还应该防范人工智能系统做出偏离伦理道德的决策。

（2）责任原则，即在技术开发和应用两个层面都建立明确的责任体系，以便在技术开发层面可以对人工智能技术开发人员或部门问责，在应用层面可以建立合理的责任和赔偿体系。在责任原则下，在技术开发层面应当遵循透明度原则，在技术应用层面则应当遵循权责一致原则。

14.4.4 保护个人隐私

人工智能的发展建立在大量数据的信息技术应用之上，不可避免地涉及个人信息的合理使用问题，因此对于隐私应该有明确且可操作的定义。人工智能技术的发展也让侵犯个人隐私的行为更为便利，因此相关法律和标准应该为个人隐私提供更强有力的保护。

此外,人工智能技术的发展使得政府对于公民个人数据信息的收集和使用更加便利。大量个人数据信息能够帮助政府各个部门更好地了解其服务的人群状态,确保个性化服务的机会和质量。同时,对政府部门和政府工作人员个人不恰当使用个人数据信息的风险和潜在的危害应当有足够的重视。

对人工智能语境下的个人数据的获取和知情同意应该重新进行定义。首先,相关政策、法律和标准应直接对数据的收集和使用进行限制,而不能仅仅征得数据所有者的同意;其次,应当建立实用、可执行的、适用于不同使用场景的标准流程,以供设计者和开发者保护数据来源的隐私;再次,对于利用人工智能可能推导出超过公民最初同意披露的信息的行为应该进行限制;最后,政策、法律和标准对于个人数据管理应该采取延伸式保护,鼓励发展相关技术,探索将算法工具作为个体在数字和现实世界中的代理人的方法。

安全、伦理和隐私问题是人工智能发展面临的挑战。安全问题是让技术能够持续发展的前提。技术的发展给社会信任带来了危机,如何增强社会信任,让技术发展遵循伦理要求,特别是保障隐私不被侵犯,是亟须解决的问题。为此,需要制定合理的政策、法律和标准,并与国际社会协作。建立一个有助于使人工智能技术造福于社会、保护公众利益的政策、法律和标准环境,是人工智能技术持续、健康发展的重要前提。

【作　业】

1. 人工智能正在积极地影响着人们生活的方方面面。下列(　　)不是人工智能的应用。

A. 智能代理在股市上买卖股票

B. 银行网站的在线助理是聊天机器人

C. 老张买彩票随机选号中了大奖

D. 飞机自动起飞和降落

2. 创造通用智能的尝试开始于20世纪80年代。最初人们致力于建造(　　)的世界模型。

A. 精确又精密　　B. 简单又实用

C. 简单又小巧　　D. 精确又实用

3. 制造汽车这类技术工作早在数十年前大部分就实现了自动化,使用的是(　　)机器人。

A. 精密　　B. 基础　　C. 未来　　D. 人工

4. 随着科技的进步,人工智能技术将胜任越来越多人们本以为需要人类智能才能完成的工作,但同样也创造了许多需要(　　)的新型工作岗位。

A. 烦琐复杂　　B. 简单重复　　C. 人工智能　　D. 人类智能

5. 电子游戏为高水平智能行为提供了完美的发展空间,其中的怪兽能够通过团队作战来努力智取玩家，这些行动背后的技术比植入机器人内部的技术要(　　)得多。

A. 落后　　B. 廉价　　C. 先进　　D. 简单

6. 现在的人工智能技术并不是为了创造思考机器，而只不过是利用大量(　　)来模仿智能而已。

A. 模块　　B. 程序　　C. 数据　　D. 规则

7. 在可以预见的未来，人们将创造出拥有人脑般处理能力的计算机，它们将利用与(　　)相同的方法来实现低级别功能。

A. 人类神经系统　　B. 人工神经系统

C. 人造技术系统　　D. 动物智慧系统

8. 创造真正的人工智能需要(　　)。

A. 内存大、速度快的计算机　　B. 研究大脑的运作

C. 要求更先进的扫描和探测工具　　D. A、B 和 C

9. 未来创造出的真正的人工智能(　　)。

A. 具有与人类一样的缺点的困扰　　B. 将会胡思乱想和犯错

C. 会拥有各种情感　　D. A、B 和 C

10. 跟其他高科技一样，人工智能也是一把双刃剑。2018 年 2 月，牛津大学、剑桥大学和 OpenAI 公司等 14 家机构共同发表题为《人工智能的恶意使用：预测、预防和缓解》的报告，指出人工智能可能给人类社会带来(　　)等潜在威胁，并给出了一些减少风险的建议。

A. 数字安全　　B. 物理安全

C. 政治安全　　D. A、B 和 C

11. 虽然人工智能飞速发展，但目前仍处于发展(　　)，该领域涉及安全、伦理、隐私的政策、法律和标准问题引起人们的日益关注。

A. 初期　　B. 中期　　C. 后期　　D. 远期

12. 人工智能是人类智能的延伸，在其发展过程中，应当包含对人类伦理价值的正确考量，设定伦理要求。关于人工智能已达成的共识原则不包括(　　)。

A. 以实现人类利益为终极目标

B. 尊重人权、将人类和自然环境利益最大化以及降低技术风险和对社会的负面影响

C. 维护人工智能系统做出的偏离伦理道德的决策

D. 在技术开发和应用两方面都建立明确的责任体系

13. 人工智能的发展建立在大量数据的信息技术应用之上，相关法律和标准应该为(　　)提供强有力的保护。

A. 开发权益　　B. 知识结构

C. 个人隐私　　D. 社会利益

14. (　　)问题是人工智能发展面临的挑战。

A. 安全　　B. 伦理　　C. 隐私　　D. A、B 和 C

【课程学习总结】

1. 课程的基本内容

(1) 总结本课程的主要内容。

第 1 章的主要内容是：______

第 2 章的主要内容是：______

第 3 章的主要内容是：______

第 4 章的主要内容是：______

第 5 章的主要内容是：______

第 6 章的主要内容是：______

第 7 章的主要内容是：______

第 8 章的主要内容是：______

第 9 章的主要内容是：______

第 10 章的主要内容是：______

第 11 章的主要内容是：______

第 12 章的主要内容是：

第 13 章的主要内容是：

第 14 章的主要内容是：

(2) 对自己通过学习掌握的有关人工智能的重要概念(至少 3 项)加以简要描述。

概念：

简述：

概念：

简述：

概念：

简述：

概念：

简述：

概念：

简述：

2. 研究性学习的基本评价

(1) 在全部研究性学习的活动中,你印象最深或者你认为最有价值的是：

①

你的理由是：

②

你的理由是：

(2) 在所有研究性学习中,你认为应该得到加强的是：

①

你的理由是：

②

你的理由是：

(3) 对于本课程的学习内容,你认为应该改进的其他意见和建议是：

3. 课程学习能力测评

请根据你的学习情况,客观地完成能力测评,在表14-1的“测评结果”栏中合适的项下打钩。

表14-1 课程学习能力测评

关键能力	评价指标	测评结果					备注
		很好	较好	一般	勉强	较差	
课程基础内容	1. 了解本课程的知识体系、理论基础及其发展						
	2. 熟悉人工智能技术与应用的基本概念						
	3. 熟悉大数据技术与应用的新思维						
	4. 熟悉人工智能技术与应用的新思维						
	5.了解人工智能的主要应用领域						

续表

关键能力	评价指标	测评结果					备注
		很好	较好	一般	勉强	较差	
引言与典型应用	6. 了解专家系统与规则制定						
	7. 了解模糊逻辑，熟悉大数据思维						
	8. 了解包容体系结构，熟悉机器人技术						
	9. 熟悉机器学习及其应用						
	10. 了解神经网络与深度学习						
基础知识	11. 熟悉智能代理及其应用						
	12. 了解群体智能						
基于知识的系统	13. 了解数据挖掘与统计						
	14. 熟悉智能图像处理						
	15. 了解自然语言处理						
高级专题	16. 了解自动规划						
	17. 了解人工智能技术的未来发展						
	18. 了解人工智能安全与隐私保护						
解决问题与创新	19. 掌握通过网络提高专业能力、丰富专业知识的学习方法						
	20. 能根据现有的知识与技能提出有创新性的、有价值的观点						

说明："很好"5 分，"较好"4 分，以此类推。能力测评满分为 100 分。

你的测评总分为________分。

4. 人工智能学习总结

5. 教师对课程学习总结的评价

参考文献

[1] 史蒂芬・卢奇,丹尼・科佩克. 人工智能[M]. 林赐,译. 2版. 北京:人民邮电出版社,2018.

[2] 理查德・温. 极简人工智能[M]. 有道人工翻译组,译. 北京:电子工业出版社,2018.

[3] 周苏,王文. 人工智能概论[M]. 北京:中国铁道出版社,2019.

[4] 周苏,张泳. 人工智能导论[M]. 北京:机械工业出版社,2019.

[5] 戴海东,周苏. 大数据导论[M]. 北京:中国铁道出版社,2018.

[6] 匡泰,周苏. 大数据可视化[M]. 北京:中国铁道出版社,2019.

[7] 周苏. 创新思维与 TRIZ 创新方法[M]. 2版. 北京:清华大学出版社,2019.

[8] 周苏,张效铭. 创新思维与创新方法[M]. 北京:中国铁道出版社,2019.

图书资源支持

感谢您一直以来对清华版图书的支持和爱护。为了配合本书的使用，本书提供配套的资源，有需求的读者请扫描下方的“书圈”微信公众号二维码，在图书专区下载，也可以拨打电话或发送电子邮件咨询。

如果您在使用本书的过程中遇到了什么问题，或者有相关图书出版计划，也请您发邮件告诉我们，以便我们更好地为您服务。

资源下载、样书申请

书圈

我们的联系方式：

地　　址：北京市海淀区双清路学研大厦 A 座 701

邮　　编：100084

电　　话：010-83470236　010-83470237

资源下载：http://www.tup.com.cn

客服邮箱：2301891038@qq.com

QQ：2301891038（请写明您的单位和姓名）

扫一扫，获取最新目录

课 程 直 播

用微信扫一扫右边的二维码，即可关注清华大学出版社公众号“书圈”。